四优四化科技支撑丛书

辣椒主栽品种生产技术及图谱

姚秋菊　常晓轲　董晓宇　主编

河南科学技术出版社
·郑州·

图书在版编目（CIP）数据

辣椒主栽品种生产技术及图谱 / 姚秋菊，常晓轲，董晓宇主编. — 郑州：河南科学技术出版社，2023.10
（四优四化科技支撑丛书）
ISBN 978-7-5725-1297-1

Ⅰ. ①辣…　Ⅱ. ①姚…　②常…　③董…　Ⅲ. ①辣椒-蔬菜园艺-图谱　Ⅳ. ①S641.3-64

中国国家版本馆CIP数据核字（2023）第169536号

出版发行：河南科学技术出版社
　　　　　地址：郑州市郑东新区祥盛街27号　　邮编：450016
　　　　　电话：（0371）65737028　65788613
　　　　　网址：www.hnstp.cn
策划编辑：陈淑芹　申卫娟
责任编辑：申卫娟
责任校对：丁秀荣
封面设计：张德琛
责任印制：张艳芳
印　　刷：河南瑞之光印刷股份有限公司
经　　销：全国新华书店
开　　本：890 mm × 1240 mm　1/32　　印张：3.5　　字数：100 千字
版　　次：2023年10月第1版　　2023年10月第1次印刷
定　　价：28.00 元

《辣椒主栽品种生产技术及图谱》

编写人员

主　　编　姚秋菊　常晓轲　董晓宇

副 主 编　（排名不分先后）

陈增杰　刘勇鹏　王　彬　赵俊卿

参　　编　（排名不分先后）

梁圣尊　李作明　贾延钊　史艳艳　李　丽

刘　卫　王振雨　王晨宇　李正义　常思雨

姚慧娟　夏　洁　程志芳　韩娅楠　李雅杰

田　晓　皇凡宇　顾桂兰　张　恒　赵　艳

郭万刚

前言

辣椒是我国种植面积最大的蔬菜作物，目前已成为我国重要的蔬菜和调味品，对保障我国蔬菜周年均衡供应、丰富人们生活发挥了重要作用。

河南省辣椒生产历史悠久，椒农种植经验丰富，辣椒已成为全省助力脱贫攻坚、推进乡村振兴的重要农作物。近 3 年辣椒种植面积稳中有增，2021 年河南省辣椒种植面积约占全国的 11.25%，达 24 万 hm^2，产量达 527.21 万 t。河南省已形成豫东（柘城县、商丘梁园区、睢县、太康县、扶沟县、杞县等）、豫中南（临颍县、鄢陵县、襄城县、禹州市等）、豫北（内黄县、滑县、濮阳县、清丰县等）三大辣椒优势产区。河南省扎实推进高效种养业和绿色食品业转型升级，调整优化农业生产力布局，推动农业由增产导向转向提质导向。辣椒作为优质果蔬的重点作物，在产业发展方面有了很好的实践和探索。

为了更好地践行大食物观，保障人民群众“菜篮子”产品需求，助力农民增收，我们广泛搜集河南省辣椒主栽品种信息和图片，结合多年的辣椒育种和栽培经验，编写了本书。

本书内容包括辣椒的分类和 67 个主栽辣椒品种，每个品种介绍了选育单位、推广地区、品种类型、特征特性，以及栽培要点等内容，附录部分介绍了全国十大名椒中的柘城辣椒和内黄尖椒、河南省辣椒产业园、河南省辣椒龙头企业（合作社）、辣椒主要病虫害与防治简表、辣椒相关生产技术规程。

由于编者专业水平所限，书中不妥之处，欢迎广大读者批评指正。

编者

2023 年 3 月

目录

第一部分 概述

一、辣椒产业发展现状

辣椒（*Capsicum annuum* L.）为茄科辣椒属，一年或有限多年生草本植物。起源于中南美洲热带地区的墨西哥、秘鲁等地，明朝末年传入我国。辣椒的果实因果皮含有辣椒素而有辣味，能增进食欲。辣椒中维生素 C 的含量在蔬菜中居第一位。

经过400多年的发展，辣椒已经成为我国居民饮食中最重要的调味品，并形成独特的辣椒历史文化、民俗文化与餐饮文化。近年来我国辣椒种植面积和产量不断增长，2018年辣椒种植面积达到3 200万亩，辣椒已经成为我国种植面积最大的蔬菜作物。目前，我国辣椒年总产量达到6 000万t以上，年产值2 500亿元以上，是世界上最大的辣椒生产国、消费国与主要辣椒出口国。辣椒在蔬菜出口贸易中贡献最大，也是产业链条最完善的蔬菜类型。

随着全国统一大市场的形成以及人口流动速度的加快，辣椒由区域性生产与消费向全民消费转变，辣椒的种植遍布全国，并形成了贵州遵义县、河南柘城县、河北鸡泽县、新疆沙湾县、重庆石柱县、云南丘北县、陕西宝鸡市、吉林洮南市等辣椒特色产区。小辣椒成为大产业，在巩固脱贫攻坚、推进乡村振兴、产业兴旺中发挥着重要作用。

河南省辣椒生产历史悠久，自1974年日本枥木三鹰椒在商丘柘城试种成功后，朝天椒经过几十年的迅速发展，现在已经在河南安家落户。椒农种植经验丰富，同时，便捷的交通区位优势，带动了河南辣椒的全国交易流通，河南是全国辣椒优势产区之一，在内销和外贸上都居全国之首。近年来，辣椒成为河南省蔬菜产业中种植面积最大的作物种类。2021年河南省辣椒种植面积24万hm^2，产量527.21万t，其中露地种植面积20.85万hm^2，产量391.05万t；设施种植面积3.15万hm^2，产量136.16万t。另外，按食用方法不同可分为鲜食辣椒与朝天椒，鲜食辣椒种植面积5.58万hm^2，朝天椒种植面积18.42万hm^2，分别占种植面积的23.2%、76.8%。特别是朝天椒，已经形成柘城辣椒、内黄尖椒、临颍辣椒等品牌。柘城辣椒、内黄尖椒入选全国十大名椒，柘城、临颍、太康、睢县先后获批河南省辣椒现代农业产业园。各个片区都形成了固定的销售市场和冷库。特别是柘城辣椒大市场，可以说是中原地区最大的朝天椒流通市场，其朝天椒价格是国内朝天椒价格的晴雨表，形成了“全国辣椒进柘城，柘城辣椒卖全球”的局面。

二、辣椒分类

我国辣椒采用植物学和园艺学两种分类方法。

（一）按照植物学分类

自 1753 年林奈在《植物种志》一书中首次将辣椒分为两个种以来，各国学者根据自己收集和研究的材料对辣椒资源进行研究，形成了不同的分类体系。学术界对 *C. annuum* L.、*C. frutescens* L. 和 *C. pubescens* Keep.3 个栽培种比较认同。林奈法是所有辣椒分类法的基础，但他提出的 *C. grossum* L. 栽培种经研究公认为只是 *C. annuum* L. 的一个变种。国际植物遗传资源委员会（IBPGR）综合各国学者的研究成果，1983 年确定了辣椒属有 5 个栽培种，规范了各国辣椒研究者对辣椒的命名（表 1）。我国目前主要采用 IBPGR 分类方法。

表 1　辣椒属 5 个栽培种拉丁名、栽培种类及主要特性

拉丁名	栽培种类	起源地	主要特性
C.annuum L.	一年生辣椒	墨西哥	花冠白色或浅黄色或略带紫色，无斑点，花药蓝色，萼片有齿状，种子棕黄色
C.frutescens L.	灌木状辣椒	南美洲	花冠绿白色，无斑点，花药蓝色，萼片齿状不明显，种子棕黄色
C.baccatum L.	浆果辣椒	玻利维亚	花冠黄色，有褐色或棕色斑点，花药蓝色，萼片齿状明显，种子棕黄色
C. pubescens Ruiz & Pav.	绒毛辣椒	玻利维亚	花冠紫色，花药紫色，萼片齿状不明显，种子黑色
C.chinense Jacp.	中国辣椒	南美洲	花冠暗白色，无斑点，花药蓝色，萼片齿状不明显，种子棕黄色

辣椒属栽培种类较多，世界各地以一年生辣椒分化最多、栽培最广，我国辣椒资源有 *C.annuum* L.、*C. chinense* L. 和 *C. frutescens* L. 3 个栽培种，云南的小米辣、大米椒、大树椒和涮辣椒属于 *C. frutescens* L.，海南的黄灯笼椒属于 *C. chinense* L.，生产中应用最多的品种属于 *C. annuum* L.。

目前关于一年生辣椒变种分类有贝利、伊利希、IBPGR 和李佩华等提出的多种方法。王利群根据多年的辣椒资源研究，认为李佩华先生的分类方法更符合我国辣椒资源研究实际，参照朱德蔚等和李锡香等对性状的描述，一年生辣椒栽培种 6 个变种学名和主要分类标准参见表 2。

（二）按照园艺学分类

1. 按果实形状分类

消费者和生产者根据辣椒果实的外部形状将其分为灯笼椒、牛角椒、羊角椒、线椒等类型，育种者和一些文献资料在描述果实形状时也使用了这些名词（表 3）。

2. 按果实成熟期分类

为便于安排辣椒生产，育种者和生产者根据辣椒种植后商品果成熟期分为早熟、中熟、晚熟 3 种基本类型。还有的育种单位为详细说明品种特性，将成熟期进一步细分为极早熟、早熟、早中熟、中熟、中晚熟、晚熟和极晚熟等。李锡香等通过从定植到第一批商品成熟果采收天数将熟性分为极早熟、早熟、中熟、晚熟和极晚熟等（表 4）。

3. 按果实辣味程度分类

辛辣是辣椒的特殊风味，为了方便消费者对辣味强度的了解，在产品说明时将辣椒分为甜椒、微辣和辛辣 3 种基本类型。为了便于评价辣椒品质及产品说明，我国制定了辣椒素类物质测定及辣度表示方法，用辣度表示辣椒素含量，1 度 =150 SHU。湖南地方标准将辣味分为 10 级，每级对应的辣椒素含量见表 5。

表 2 一年生辣椒栽培种变种拉丁名、种类和主要分类特性

拉丁名	*C.grossum* Sent.	*breviconcidum* Haz.	*C.longum* Sent.	*C.dactylus* M.	*C.fasciculatum* Sturt.	*C.cerasiforme* Irish.
种类	灯笼椒	短锥椒	长角椒	指形椒	簇生椒	樱桃椒
果实形状	方灯笼形、长灯笼形或扁圆形	中小圆锥形或中小圆锥灯笼形	牛角形或长圆锥形或羊角形	长指形、指形或短指形	果实簇生，每簇2~10个果，短指形或锥形	近圆形或鸡心形
果形指数	1~2	2	3~5	5以上	5以上	1~2
果肉厚度	厚	较薄	中等	薄	薄	厚
果肩花萼	平展或内陷	平展或内陷	平展，少有浅下包	下包或浅下包	下包	平展
果顶	平展或内陷	钝尖或内陷	果实渐尖，钝状或略内陷	果实渐尖，有小弯沟	果实渐尖	钝尖或圆
辣味	多数不辣或微辣，少量辣	微辣或辣	微辣或辣	辣	极辣	极辣

表 3　辣椒果实分类标准

果形		果肩花萼	果顶	果长/cm	果形指数
灯笼形	长灯笼形	平展或内陷	平展或内陷		>1
	方灯笼形	平展或内陷	平展或内陷		1 左右
	扁灯笼形	平展或内陷	平展或内陷		<1
锥形	长锥形	平展或内陷	钝尖或少内陷	>8	>2
	短锥形	平展或内陷	钝尖或少内陷	≤8	2 左右
牛角形	长牛角形	平展或浅下包	渐尖	>10	>3
	短牛角形	平展，少有浅下包	渐尖	≤10	>3
羊角形	长羊角形	下包或浅下包	果实尖	>10	>3
	短羊角形	下包	果实尖	≤10	>3
指形	长指形	下包	果钝尖	>8	>5
	短指形	下包	果钝尖	≤8	>5
线形		下包	果尖，少有沟	>15	>10
樱桃形		平展	钝或圆		1

表 4　辣椒熟性分类标准

熟性	始花节位/节	果实膨胀速度	始收期
极早熟	8 或以下	快	30天 以下
早熟	9 以下	快	30~35天
中熟	10~15	较快	>35~50天
晚熟	15 以上	慢	>50~55天
极晚熟	15 以上	慢	55天以上

表 5　辣味程度分类表

	不辣	微辣	低辣	中辣	辛辣	极辣
辣椒素含量（mg/g）	<0.006 5	0.006 5~0.032 4	<0.032 4~0.064 9	<0.064 9~0.648 5	<0.648 5~6.485 1	>6.485 1
斯科维尔指数（SHU）	0~100	<100~500	<500~1 000	<1 000~10 000	<10 000~100 000	>100 000

4. 其他分类方法

根据辣椒产品销售方式分为鲜椒和干椒；根据辣椒产品的用途分为鲜食椒、加工椒、观赏椒；根据加工程度分为粗加工型和精加工专用型；根据不同加工用途分为色素椒、剁椒、泡椒等；根据适宜栽培条件和形式将辣椒生产分为露地栽培和保护地栽培两大类。

第二部分 辣椒主栽品种

一、鲜食辣椒

1 京甜3号

选育单位：北京市农林科学院蔬菜研究所
登记编号：GPD辣椒（2017）110063
推广地区：适宜在北京、山东、辽宁、河北等春季和秋季种植，广东、广西、海南冬季种植。
品种类型：鲜食。

特征特性：中早熟一代杂交品种，持续坐果能力强，整个生长季果形保持很好，果实正方灯笼形，4心室率高，果实翠绿色，果表光滑，商品率高，耐贮运。果实纵径约10.5 cm，横径约10 cm，单果重160～260 g，耐低温耐弱光，抗烟草花叶病毒。

栽培要点：选砂壤土种植最佳，并要求腐熟底肥充足；培育壮苗移植，高畦栽培，单株定植，亩栽2 600株左右；注意氮、磷、钾肥合理施用，及时追肥和防治病虫害，要搭支架以防倒伏；生产中及时采收商品果，确保中后期产量。

2　豫园巨椒

选育单位： 河南省农业科学院园艺研究所

推广地区： 近年来，年推广面积约 0.9 万亩，主要种植区域为濮阳县、南乐、中牟、夏邑、虞城、山东金乡、江苏东台、四川绵阳、西藏林芝等地，占同类品种 7% 左右。

品种类型： 鲜食。

特征特性： 新选育微辣型牛角椒品种，早熟，与301类牛角椒相比，果个更大、抗性更强、纯度更高、稳定性更好，椒果横径5~6 cm，纵径20~28 cm，单果重120~220 g，果形顺直光滑，整齐度好，连续坐果性强，适宜大棚、温室保护地高效栽培。

栽培要点： 春地膜露地栽培，1~2月初育苗，4月份断霜后定植。麦瓜套间作栽培，3月初育苗，5月定植，亩栽3 000株左右。也可稀播套种玉米，效果更好，其他区域种植时间可参考当地同类品种。该品种坐果早且集中，需多施底肥，每次采椒后要及时追肥浇水，以保证较高的产量及优良的商品性。

3 安椒 108

选育单位：安阳市农业科学院
登记编号：GPD 辣椒（2018）411462
推广地区：河南、安徽、河北、山东。
品种类型：鲜食。

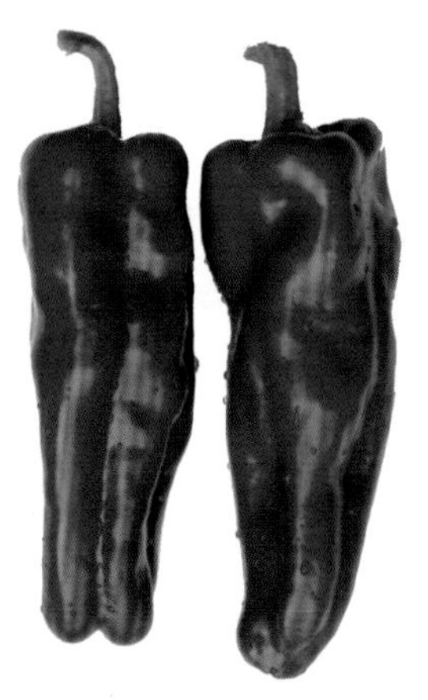

特征特性：母本 99037 是‘赤峰牛角椒’×‘八寸红’组合后代经 6 代系选培育出的优良自交系，父本 F0301 是从以色列甜椒品种‘麦卡比’经 8 代自交选育于 2003 年选出的优良自交系。生育期 180 天，春季露地定植至始收 53 天，属于早熟品种类型。植株生长势中等，抗逆性强；平均株高 60.8 cm，株幅 66.8 cm，始花节位 9 节；果实牛角形，青熟期绿色，果面有皱缩，平均纵径 16 cm，横径 4.8 cm，果肉厚 0.31 cm，果实心室数平均 2.8 个，平均单果重 63.9 g，平均单株结果数 20.1 个。一般亩产量 3 500 kg。适宜河南各地早春保护地和露地种植，2018 年通过国家非主要农作物品种登记。

栽培要点：①早春大棚栽培一般 11~12 月播种育苗，3 月中旬定植。②施肥以有机肥为主，亩施优质腐熟有机肥 3 600~6 000 kg，配合施入氮、磷、钾三元复合肥 30~40 kg，注意增施锌肥、钙肥。③定植密度，大棚栽培亩栽3 500株，露地栽培亩栽4 000株，采取单株定植。

4　濮椒 4 号

选育单位：濮阳市农业科学院
鉴定编号：豫品鉴菜 2014003
推广地区：河南省濮阳县、范县、内黄县、西华县等地。
品种类型：鲜食。

特征特性：以‘H0616’自交系为母本，‘A-98’自交系为父本进行杂交而成的一代杂种。该品种属于早熟品种，定植至始收53天左右。植株生长势较强，平均株高59.8 cm，株幅65.1 cm，始花节位8~10节，连续结果能力强；果实翠绿色，粗牛角形，果面光滑，2~4个心室，平均纵径15.5 cm，横径4.8 cm，果肉厚0.33 cm，平均单果重62.6 g，味辣，商品性好。对病毒病、疫病、炭疽病均表现为抗性。2014年通过河南省农作物品种鉴定，适宜河南早春保护地和露地栽培。

栽培要点：①根据不同栽培方式适时播种定植，培育无病壮苗，并选择地势较高易排灌，较肥沃的砂壤土。河南省各地保护地栽培一般12月下旬至翌年1月上旬播种育苗，3月初至3月下旬定植；露地栽培一般1月下旬至2月上旬播种，4月下旬至5月初定植，采用小高畦或宽窄行栽培。②定植行距60~70 cm，穴距35 cm。③施足充分腐熟的有机肥。④建议采用滴灌栽培，门椒坐果后至盛果期及时追肥浇水，每次采收后追肥1次。⑤生长期间及时喷药防治蚜虫、茶黄螨、粉虱、烟青虫、棉铃虫等的为害。

5 濮椒6号

选育单位：濮阳市农业科学院
登记编号：GPD辣椒（2018）410805
推广地区：河南省濮阳县、范县、西华县等地。
品种类型：鲜食。

特征特性：以‘0712’自交系为母本，‘A-96’自交系为父本进行杂交而成的一代杂种。该品种属于中早熟品种，始花节位10.3节；果实牛角形，纵径19 cm，横径5.1 cm，果肉厚0.36 cm，单果重98.2 g，果面光滑有光泽，青果绿色，成熟果红色，微辣。高抗疫病、炭疽病、青枯病，抗病毒病，耐低温弱光、不早衰。2016年通过国家农作物品种鉴定，2018年通过非主要农作物品种登记。在河南、辽宁、江苏、安徽、山东、湖北和重庆的适宜地区保护地种植。

栽培要点：①根据不同栽培方式适时播种定植，培育无病壮苗，并选择地势较高易排灌、较肥沃的砂壤土。黄淮海地区保护地栽培一般12月下旬至翌年1月上旬播种育苗，3月中下旬定植。采用小高畦或宽窄行栽培。②定植行距60 cm，株距45 cm，每亩定植2 500株左右。③施足充分腐熟的有机肥。④定植后及时浇水，严防大水漫灌；注意中耕除草；门椒坐果后至盛果期及时追肥浇水，保持土壤见干见湿状态；及时吊蔓以防植株倒伏，预防病害发生。⑤生长期间及时喷药防治蚜虫、茶黄螨、粉虱、烟青虫、棉铃虫等的为害。⑥及时采收防赘秧。

6 郑椒 20

选育单位：郑州市蔬菜研究所
登记编号：GPD 辣椒（2018）410564
推广地区：河南、重庆、云南、陕西、湖北等地。
品种类型：鲜食。

特征特性：‘郑椒20’是郑州市蔬菜研究所培育成的辣椒杂交一代品种。母本‘L235-4-3-5’来源于引进的美国杂交一代品种，父本‘T203-2-6’来源于以色列大果型甜椒杂交种与山西引进的大果型甜椒自交系的杂交后代。‘郑椒20’属于中早熟品种，植株生长势强，平均株高73.5 cm，株幅约65 cm，始花节位9.9节；果实牛角形，青熟期绿色，果面微皱，纵径18~24 cm，横径约5.4 cm，果肉厚0.31 cm，果实心室数平均2.9个，单果重75~150 g，微辣。抗黄瓜花叶病毒病、烟草花叶病毒病、疫病、炭疽病，较耐低温和弱光。平均亩产4 173.6 kg。适宜各地早春露地栽培。2016年通过河南省种子管理站组织的专家鉴定验收。

栽培要点：定植前要施足基肥。采用小高垄覆膜栽培，参考株距30~35 cm，行距55~60 cm，每亩定植3 700株左右。第1果坐住后，结合浇水每亩追施复合肥10~15 kg。盛果期每隔15~20天追1次肥，每次每亩施复合肥20 kg。注意预防并及时进行病虫害防治。

7 豫艺新时代

选育单位： 河南豫艺种业科技发展有限公司

推广地区： 适宜河南、山东、江苏、安徽等地春、秋大棚栽培。

品种类型： 既可鲜食，也可做辣椒酱。

特征特性： 该品种为河南农业大学培育的巨型果、特高产、薄皮、优质辣椒新品种。在优质大果辣椒‘墨秀八号’的基础上研发育成，分枝能力强，坐果多，果个粗、长、大，产量更高。秋大棚正常条件下始花节位8~9节，属于较早熟品种，株型好，中等半开展，连续结果能力很强；果实纵径26~33 cm，横径6~7 cm，单果重180 g左右，大果更大，上部果长也在25 cm左右，果色浅绿，果面有优质薄皮辣椒不太平展的特征，而果又顺直漂亮，商品率高，口感脆甜，筋辣，味美，符合国家倡导的供给侧改革的优质生活需求，实现优质优价。

栽培要点： 该品种属于高产大果，要求良种良法配套，良好精细的管理水平，以及设施齐全的苗场严格培育壮苗，避免弱病苗，并多施优质有机肥和复合肥作底肥，要配合中微元素肥；合理选择苗期、定植期是丰收的关键，河南秋大棚参考播期在7月初，建议保护地亩种2 500株左右，西南地区露地2 800株左右；该品种生长势较强，开花结果前注意控制浇水次数，坐果后要求较好的水肥条件，不能缺水缺肥，同时整个生育期注意防病，要及时用喹啉铜悬浮剂、甲霜锰锌、吡丙醚等预防病虫害。

8　墨秀八号

选育单位：河南豫艺种业科技发展有限公司

推广地区：适宜河南、山东、江苏、安徽等地春、秋大棚栽培。

品种类型：既可鲜食，也可做辣椒酱。

特征特性：该品种是经多年多地试验示范表现优秀的牛角椒新品种，其突出特点是：果型大，膨果速度快，比市场上普通品种长3~5 cm，果实纵径25~30 cm，横径6~7 cm，单果重160~220 g，大果达350 g；株型紧凑，坐果集中，坐果能力强，坐果多，特高产，且上部果不易变短；果色鲜绿有光泽，肉脆微辣，品质好，可以和目前流行的螺丝椒相媲美；耐热耐寒及抗病抗逆性均较好。适宜北方春秋大棚、早春露地及南方区域秋冬季种植。

栽培要点：要求高垄定植，参考株行距40 cm × 60 cm，亩栽 2 800株左右；秋季要严格防雨、护根育苗，要求选壮苗定植，高垄栽培；因该品种产量高且膨果快，要求比一般品种多施腐熟基肥30% 以上；门椒坐果前适当防旺长，对椒坐稳后要及时追肥浇水；忌蹲苗过度或苗龄过长；虽为抗病性品种，但整个生育期仍要注意预防病虫害。

9 好农 11

选育单位：河南红绿辣椒种业有限公司

推广地区：江苏淮安市、安徽和县。

品种类型：红泡椒。

特征特性：‘好农11’是河南红绿辣椒种业有限公司培育的秋延保护地红椒专用一代杂交品种。母本‘A1’为甜椒，来源于齐齐哈尔柿椒变异株，父本‘H163’为辣椒，于2006年育成，2014年获得国家植物新品种权，品种权号：CNA20080860.5。‘好农11’属于早中熟品种，株高55~60 cm，株幅约57 cm，节间短株型紧凑，始花节位10节，叶片绿色肥厚，挂果集中，花冠为白色，柱头和花丝均为紫色。青熟果绿色，老熟果红色；红果果肉致密硬度高，变软慢，耐贮藏运输，货架期长。果实为粗牛角形，纵径15~17 cm，横径5.5~6 cm，单果重约130 g，果肩平，头部马嘴形或钝圆形，三心室为主。果实辣味中等偏轻。一般亩产鲜椒4 000 kg，适合长江流域秋延后栽培。

栽培要点：江淮地区秋延后栽培，6月下旬至7月中下旬播种，采用穴盘基质育苗，参考行株距55 cm × 35 cm，每亩3 500株左右，注意增施磷钾肥、硼肥和锌肥等。田间管理切忌忽干忽湿。

10 鼎优大椒

选育单位：河南鼎优农业科技有限公司
登记编号：GPD 辣椒（2019）410048
推广地区：河南、安徽、甘肃、河北、湖北、山东、四川等地。
品种类型：既可鲜食，也可做辣椒酱。

特征特性：该品种为杂交种，属于中早熟品种。果实为粗牛角形，果面光滑，亮度好，色泽鲜艳。在适宜的气候及管理条件下，生育期约130天，平均株高67 cm，平均株幅70 cm，始花节位9节；果实纵径 24~27 cm，横径5.0~6.5 cm，果肉厚 0.35~0.45 cm，平均单果重200 g，心室数3个为主；连续坐果能力较强，膨果速度快，果形一致性好。维生素C含量56 mg/100 g，辣椒素含量0.31%。抗黄瓜花叶病毒病、烟草花叶病毒病、疫病、炭疽病，耐低温，较耐高温。不适于盐碱地种植。

栽培要点：在华北地区种植分早春保护地、露地秋延保护地两种形式，早春保护地播种期为11月中下旬，秋延保护地一般为6月中下旬。早春保护地一般3月上中旬定植，早春露地一般在4月中旬定植。辣椒种植田应选择地势平坦或稍高，排灌方便的地块。底肥每亩施优质农家肥3 000 kg，优质复合肥80 kg，定植密度为每亩3 500株左右。

11 金富26

选育单位： 河南豫艺种业科技发展有限公司

推广地区： 适宜河南、河北、山东、江苏、安徽等地早春、秋延大棚和西北、东北露地种植。

品种类型： 既可鲜食，也可做辣椒酱。

特征特性： 该品种为中早熟、大果黄绿皮牛角椒，始花节位9~10节，果实纵径26~32 cm，横径4~5 cm；黄绿皮，果实较顺直，辣味适中，膨果速度快，连续坐果能力强，上部果不易变短。长势稳健，耐弱光性好，抗性好。

栽培要点： ①该品种产量高，需施用充足的优质有机肥和复合肥作底肥。②严格培育壮苗，选壮苗定植，保护地每亩种植1 800~2 000株，露地每亩种植 2 600~2 800 株。③大棚栽培盛花期注意通风、降温、降湿；门椒坐稳前应适当控制水肥，防止徒长，门椒坐稳后及时追肥浇水，肥水不足易出现早衰和畸形果；建议在门椒坐稳后，每隔半月亩追三元复合肥10 kg。④防病胜于治病，及时预防病虫害。

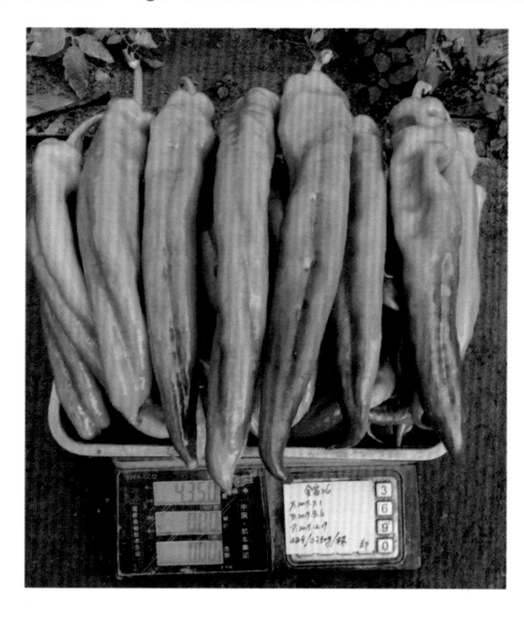

12 豫椒 9 号

选育单位：河南省农业科学院园艺研究所
登记编号：GPD 辣椒（2020）410760
推广地区：河南省浚县、原阳县、西华县等地。
品种类型：鲜食。

特征特性：该品种为早熟鲜食型雄性不育三系杂交种，生育期约195天，始花节位10节，生长势强，株高约95.6 cm，株幅约68.8 cm。果实粗牛角形，纵径约23.6 cm，横径约4.9 cm，果肉厚约0.34 cm。前期坐果集中，从开花至嫩果采收约25天，中后期连续结果能力强，上下层果实均匀一致。青熟果色黄绿，果表光滑，质地脆嫩，口感好。单果重约100 g，每亩产量可达3 800 kg。具有结果集中、皮薄质脆、辣味适中的特点，适合喜食黄绿皮辣椒的地区推广种植。

栽培要点：河南地区早春塑料大棚种植，11月中旬至12月上中旬播种，采用基质穴盘育苗，翌年3月下旬定植。定植前施足有机肥，采用小高畦覆膜栽培，每亩定植3 700株左右。

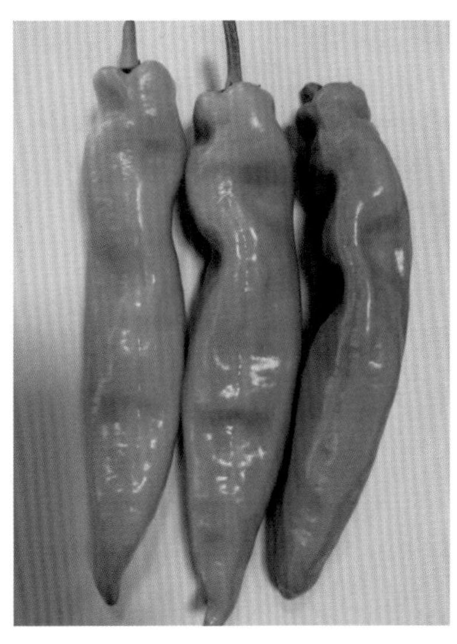

13 豫椒 18 号

选育单位：河南省农业科学院园艺研究所
登记编号：GPD 辣椒（2020）410761
推广地区：河南省中牟县、滑县、内黄县、汤阴县、获嘉县、博爱县等地。
品种类型：鲜食。

特征特性：该品种为雄性不育三系杂交种，早熟，生育期约185天，株高约76.5 cm，株幅约61.3 cm，始花节位9节，从开花至嫩果采收约25天。果实粗牛角形，纵径约20.3 cm，横径约4.1 cm，果肉厚约0.39 cm，单果重约80 g，平均亩产3 500 kg，果色黄绿，果表光滑，质地脆嫩，口感好。前期坐果集中，中后期连续结果能力强，上下层果实均匀一致。

栽培要点：早春大棚种植一般在1~2月播种，秋延种植在6~7月播种，亩用种量50 g。培育壮苗，合理密植，高垄定植，单株栽培，亩栽3 300棵左右。注意施足底肥和及时追肥，雨季排水防涝，及早防治病虫害。坐果后及采收期适量追施速效肥。适时浇水，不可大水漫灌，要见干见湿，防止田间积水。

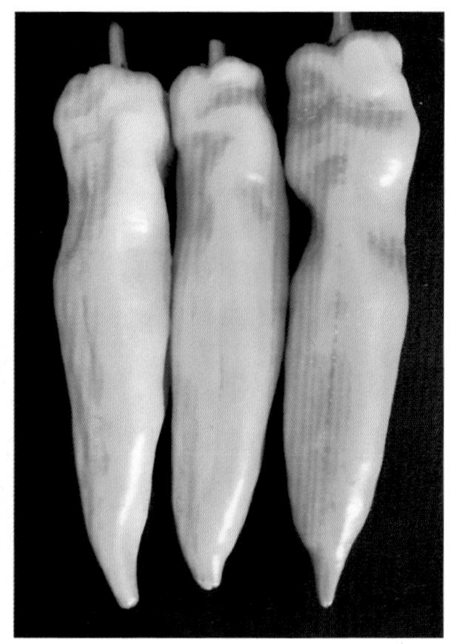

14 濮优 602

选育单位： 濮阳市农业科学院
鉴定编号： 豫品鉴菜 2014009
推广地区： 河南省濮阳县、范县、西华县等地。
品种类型： 鲜食。

特征特性： 以‘H0616’自交系为母本，‘黄-2-6’自交系为父本进行杂交而成的一代杂种。早熟，始花节位8.6节，植株生长势强，抗逆性强，平均株高65.6 cm，株幅66.3 cm。果实羊角形，青熟期黄绿色；果面微皱，平均纵径19.1 cm，横径3.9 cm，果肉厚0.31 cm，果实心室数平均2.9个，平均单果重53 g。2014年通过河南省农作物品种鉴定，适宜河南早春保护地和露地栽培。

栽培要点： ①根据不同栽培方式适时播种定植，培育无病壮苗，并选择地势较高易排灌，较肥沃的砂壤土。河南省各地保护地栽培一般12月下旬至翌年2月上旬育苗，3月初至3月下旬定植；露地栽培1月下旬至2月上旬播种，4月下旬至5月初定植，采用小高畦或宽窄行栽培。②行距60~70 cm，穴距35~40 cm。③施足充分腐熟的有机肥。④定植后及时浇水，严防大水漫灌；注意中耕除草，防止植株徒长；门椒坐果后至盛果期及时追肥浇水，保持土壤见干见湿状态；及时培土，以防植株倒伏，预防病害发生。⑤生长期间及时喷药防治蚜虫、茶黄螨、粉虱、烟青虫、棉铃虫等的为害。⑥及时采收防赘秧。

15 濮椒 1 号

选育单位：濮阳市农业科学院
鉴定编号：豫品鉴菜 2010005
推广地区：河南省濮阳县、范县、西华县等地。
品种类型：鲜食。

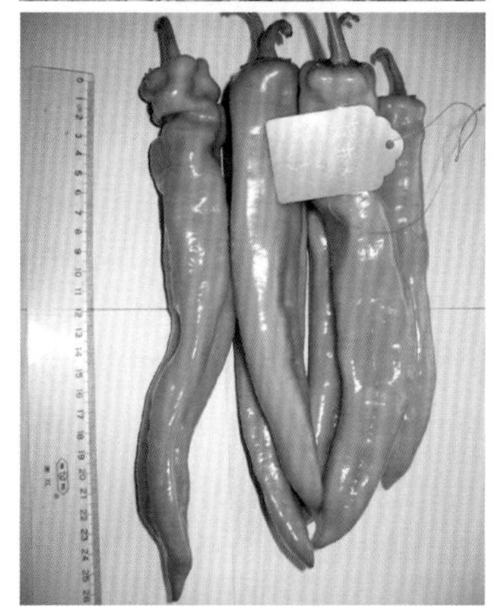

特征特性：‘濮椒1号’辣椒系濮阳市农业科学院以‘047-3-3’自交系为母本，‘黄-2-1’自交系为父本进行杂交而成的一代杂种。早熟，始花节位8.42节，果实牛角形，果面光滑顺直，果色黄绿，平均纵径18.14 cm，横径3.03 cm，果肉厚0.29 cm，味辣，肉质脆嫩，适合鲜食。高抗疫病、病毒病和炭疽病，耐低温弱光，不早衰，生长势强。2010年通过河南省农作物品种鉴定，适宜河南早春保护地和露地栽培。

栽培要点：①培育无病壮苗，并选择地势较高易排灌，较肥沃的砂壤土。河南省各地保护地栽培一般在12月下旬至翌年1月上旬育苗，3月初至3月下旬定植；露地栽培在1月下旬至2月上旬播种，4月下旬至5月初定植。采用小高畦或宽窄行栽培。②定植行距60 cm，穴距35 cm。③施足充分腐熟的有机肥。④定植后及时浇水，严防大水漫灌；注意中耕除草，防止植株徒长；门椒坐果后至盛果期及时追肥浇水，保持土壤见干见湿状态；及时培土，以防植株倒伏，预防病害发生。⑤生长期间及时喷药防治蚜虫、茶黄螨、粉虱、烟青虫、棉铃虫等的为害。⑥及时采收防赘秧。

16 国福 909

选育单位： 北京市农林科学院蔬菜研究所
登记编号： GPD 辣椒（2018）110164
推广地区： 适宜北京、河北、辽宁、黑龙江春季和秋季保护地种植，山西、陕西、宁夏夏季露地种植。
品种类型： 鲜食。

特征特性： 中早熟一代杂交品种，株型紧凑，较耐低温，膨果速度快。商品果淡绿色，成熟果红色，牛角形，果实顺直光滑，果色光亮；果实纵径约28 cm，横径约4.5 cm，单果重140~180 g。绿椒、红椒均可上市，辣味适中，口感佳，耐贮运。该品种抗烟草花叶病毒病。

栽培要点： 选砂壤土种植最佳，并要求底肥充足；培育壮苗移植，高畦栽培，单株定植，亩栽3 000株左右；重施腐熟有机肥，追施磷、钾肥，注意钙肥施用，果实膨大期避免发生缺钙现象。

17 国福 910

选育单位： 北京市农林科学院蔬菜研究所
登记编号： GPD 辣椒（2019）110692
推广地区： 适宜北京、河北、辽宁、黑龙江春季和秋季保护地种植，山西、陕西、宁夏夏季露地种植。
品种类型： 鲜食。

特征特性： 中早熟一代杂交品种，株型紧凑，坐果率高，膨果速度快。果实为牛角形，果实顺直光滑；果实纵径约28 cm，横径约5.5 cm，果肉厚约0.4 cm，单果重160~200 g。青熟果淡绿色，成熟果红色，辣味中，耐贮运。绿椒和红椒均可采收。

栽培要点： 选砂壤土种植最佳，并要求底肥充足；培育壮苗移植，高畦栽培，单株定植，亩栽3 000株左右，需搭设支架或吊秧；重施腐熟有机肥，追施磷、钾肥，注意钙肥施用，果实膨大期避免发生缺钙现象。

18　金富 175

选育单位：河南豫艺种业科技发展有限公司
推广地区：适宜河南、河北、山东、安徽、江浙、西北及东北区域春、秋大棚种植。
品种类型：既可鲜食，也可做辣椒酱。

特征特性：该品种生长健壮，属于中早熟品种，大果，鲜亮黄绿皮，良好管理下早春始花节位9节，果实纵径26~35 cm，横径4.5~5 cm，单果重120 g左右，大果160 g以上，辣味适中，膨果速度快，连续坐果能力强，上部果不易变短。具有较好的抗病性和耐弱光性。

栽培要点：重点推荐秋季10 m以上大跨度大棚栽培，早春大棚也可以栽培。早春大棚种植可于11月中下旬育苗，翌年3月中下旬定植，苗龄100~110天，采用宽窄行种植，宽行80 cm，窄行60 cm，株距50 cm，每亩保苗1 900株左右。秋延大棚种植，可于6月中下旬育苗，7月底至8月初定植，苗龄40天，采用宽窄行种植，宽行80 cm，窄行60 cm，株距60 cm，每亩保苗1 500株左右。定植初期需浇足定植水，缓苗后结果70%左右，门椒达10 cm时浇第一水，随后10~15天浇1次水。每亩以产5 000 kg为指标制定配方施肥，需施腐熟农家肥2 000 kg、硫酸钾型复合肥100 kg、过磷酸钙50 kg、尿素30 kg。生长前期一般不需要追肥，分别在第1批、第3批幼果达15 cm大小时各追肥1次，亩施优质复合肥20 kg，以后根据植株长势情况施肥，滴灌可以追施优质水溶肥。

19 新金富 808

选育单位：河南豫艺种业科技发展有限公司
推广地区：适宜河南、山东、江苏、安徽等地早春、秋延大棚栽培。
品种类型：既可鲜食，也可做辣椒酱。

特征特性：该品种为最新育成的早熟大果黄皮椒，7~8节分枝，门椒多为2个，且能同时膨大，果实纵径25~33 cm，横径3.5~4.5 cm，果色黄亮如玉，商品性特好；节间短，分枝能力强，多为三叉分枝，连续坐果能力强，是集早熟、大果、高产于一身的好品种，比市场上同类品种膨果更快，且果色黄亮美观。该品种耐寒、耐弱光性好，保护地栽培长势健壮，不易徒长，易坐果，抗性强。

栽培要点：秋延参考播期为6月25日至7月15日；早春大棚栽培的在10月20日至11月30日育苗。①该品种早熟、产量高，需施用充足的优质有机肥和复合肥作底肥。②严格培育壮苗，选壮苗定植，建议每亩定植2 800株左右。③大棚栽培盛花期注意通风、降温、降湿；门椒坐稳前应适当控制水肥，防止徒长，门椒坐稳后及时追肥浇水，肥水不足易出现早衰和畸形果；建议在门椒坐稳后，每隔半月亩追三元复合肥10 kg。④防病胜于治病，及时预防病虫害。

20 金富 130

选育单位： 河南豫艺种业科技发展有限公司

推广地区： 适宜河南、山东、河北、江苏、福建等地春、秋大棚种植，华北小拱棚、春露地也适合栽培。

品种类型： 既可鲜食，也可做辣椒酱。

特征特性： 该品种为很早熟的黄皮羊角椒，株型紧凑，枝条硬，果实纵径23~28 cm，横径3.5~4 cm，果色黄亮如玉，顺直光滑，辣味适中，膨果速度快，早熟丰产性突出，上部果不易变短。早春耐弱光性好，抗病性强。

栽培要点： ①本品种产量高，膨果快，需施用充足的优质有机肥作底肥。②严格培育壮苗，选壮苗定植，保护地每亩定植2 500株左右，露地每亩定植3 000株左右。③该品种在门椒坐稳前应适当控制水肥，严防徒长，门椒坐稳后要及时追肥浇水，肥水不足易出现早衰和畸形果，因此，在门椒坐稳后，每隔半月亩追施优质三元复合肥7.5 kg。④大棚栽培盛花期注意通风、降温、降湿。⑤整个生育期要注意防治病虫害。

21 豫椒 101

选育单位：河南省农业科学院园艺研究所
登记编号：GPD 辣椒（2018）410013
推广地区：河南省浚县、原阳县、西华县等地。
品种类型：既可鲜食，也可做辣椒酱。

特征特性：‘豫椒101’是河南省农业科学院园艺研究所利用花药培养技术培育成的黄皮辣椒杂种1代，母本‘24-7’来源于绿皮羊角椒‘海花辣椒（24）’，父本‘P59-25’来源于黄白皮辣椒‘硕丰12号（P59）’。‘豫椒101’早熟，商品性好，产量高，高抗病毒病、疫病和炭疽病，果实羊角形，果面光滑，青熟果黄色，老熟果红色，味微辣，风味好，平均果实纵径20.4 cm，横径3.4 cm，果肉厚0.31 cm，果实心室数平均2.7个，果形指数6，平均单果重62.1 g，一般亩产3 611.89 kg，适宜河南各地早春保护地种植。2016年通过河南省种子管理站组织的专家鉴定验收。

栽培要点：河南地区早春塑料大棚种植，采用基质穴盘育苗，3月中下旬定植，苗龄60天左右，育苗时间根据定植时间和育苗设施确定。定植前施足有机肥，采用小高畦覆膜栽培，每亩定植3 700株左右。

22 皇门

选育单位：河南鼎优农业科技有限公司
登记编号：GPD 辣椒（2019）410273
推广地区：河南省开封、许昌、周口、商丘等地。
品种类型：既可鲜食，也可做辣椒酱。

特征特性：该品种为杂交种。鲜食，早熟，果实为羊角形，果形顺直，辣味适中，色泽黄亮。在适宜的温度及管理条件下，平均生育期118天，株高60~70 cm，株幅60~65 cm，始花节位7节；果实纵径22~27 cm，横径3.2~4.0 cm，果肉厚0.2~0.3 cm，单果重85~125 g；连续坐果性较好。维生素C含量52 mg/100 g，辣椒素含量0.56%。抗黄瓜花叶病毒病、烟草花叶病毒病、疫病、炭疽病，耐低温，较耐高温。不适于盐碱地种植。

栽培要点：在华北地区种植分早春保护地、露地秋延保护地两种形式，早春保护地播种期为11月中下旬，秋延保护地播种期为6月中下旬。早春保护地在3月上中旬定植，早春露地一般在4月中旬定植。底肥每亩施优质农家肥3 000 kg，优质复合肥80 kg，定植密度为每亩3 500株左右。

23 濮椒7号

选育单位： 濮阳市农业科学院
鉴定编号： 豫品鉴菜 2016003
推广地区： 河南省濮阳县、范县、内黄县、西华县等地。
品种类型： 鲜食。

特征特性： ‘濮椒7号’系濮阳市农业科学院以‘H0825’自交系为母本，‘P256’自交系为父本进行杂交而成的一代杂种。中早熟，始花节位10节；果实羊角形，果面光滑顺直，果色黄绿，平均纵径23 cm，横径3.4 cm，果肉厚0.29 cm，单果重65.5 g，味辣，肉质脆嫩，适合鲜食。抗病毒病、疫病和炭疽病。2016年通过河南省农作物品种鉴定，适宜河南早春保护地栽培。

栽培要点： ①培育壮苗。河南省各地保护地栽培一般12月下旬至翌年1月上旬育苗，3月上旬至3月下旬定植。采用小高畦或宽窄行栽培。②早春大棚或秋延后保护地定植行距60 cm，穴距45 cm，每亩2 500株。③施足充分腐熟的有机肥。④定植后及时浇水，严防大水漫灌；注意中耕除草，防止植株徒长；门椒坐果后至盛果期及时追肥浇水，保持土壤见干见湿状态；及时培土，以防植株倒伏，预防病害发生。⑤生长期间及时喷药防治蚜虫、茶黄螨、粉虱、烟青虫、棉铃虫等的为害。⑥及时采收防赘秧。

24 郑椒 17

选育单位：郑州市蔬菜研究所
登记编号：GPD 辣椒（2018）410563
推广地区：河南、广西、湖北、陕西、云南、重庆、江苏、浙江等地。
品种类型：鲜食。

特征特性：‘郑椒17’是郑州市蔬菜研究所培育成的黄皮辣椒杂种1代。母本‘L219-7-3-2-3-1’来源于国外引进的黄皮羊角椒一代杂交品种，父本‘L198-2’来源于从内蒙古及山东引进的两个材料‘引92-11’和‘引93-24’的杂交后代。‘郑椒17’早熟，植株生长势强，平均株高68.9 cm，株幅73.4 cm，始花平均节位8.2节；果实羊角形，青熟期黄绿色，纵径20~28 cm，横径约4 cm，果肉厚约0.29 cm，平均心室数2.7个。单果重75~135 g，平均单株结果数34个；维生素C含量92.3 mg/100 g，辣椒素含量0.21%，可溶性总糖2.56%。中抗烟草花叶病毒病、黄瓜花叶病毒病、炭疽病，抗疫病，抗逆性较强，较耐低温弱光。平均亩产3 251.56 kg。适宜早春保护地和露地栽培。2014年通过河南省种子管理站组织的专家鉴定验收。

栽培要点：根据不同的栽培方式，选择适宜的播种期及定植期。冬、春季保护地育苗，在定植前10~15天要加强低温炼苗。定植缓苗后及时追施提苗肥，促进发棵。定植初期要勤中耕，少浇水，以利提高地温，促进根系发育。注意及时预防并防治各种病虫害。

25 国福 219

选育单位：北京市农林科学院蔬菜研究所
登记编号：GPD 辣椒（2021）110106
推广地区：适宜北京、内蒙古、陕西、安徽、山东春季露地种植，广东、广西、海南秋季、冬季露地种植。
品种类型：鲜食。

特征特性：早熟一代杂交品种，生长势强，株型半开展。果实羊角形，平均纵径26.5 cm，横径4.8 cm，果肉厚0.45 cm，单果重130 g，单株结果数30个。商品果颜色淡绿色和红色，开花结果期90天。味辣。绿椒、红椒均可采收。

栽培要点：选砂壤土种植最佳，并要求底肥充足；培育壮苗移植，高畦栽培，单株定植，亩栽3 000株左右；重施腐熟有机肥，追施磷、钾肥，注意钙肥施用，果实膨大期避免发生缺钙现象。

26 胜寒 740

选育单位：北京市农林科学院蔬菜研究所
登记编号：GPD 辣椒（2018）110461
推广地区：适宜北京、山东、辽宁、内蒙古、河北、河南等北方地区春季和温室越冬栽培。
品种类型：鲜食。

特征特性：中早熟一代杂交品种，植株开展度中等，生长旺盛，连续坐果性强。果实长牛角形，果形顺直，果面光滑。商品果淡绿色，成熟果红色。商品果实纵径24～30 cm，横径约5.2 cm，单果重120～170 g。果实外表光亮，商品性好，辣味适中。该品种耐寒性较强，抗烟草花叶病毒病。

栽培要点：选砂壤土种植最佳，并要求底肥充足；培育壮苗移植，高畦栽培，单株定植，亩栽2 600株左右；重施腐熟有机肥，追施磷、钾肥，注意钙肥施用，果实膨大期避免发生缺钙现象。

27 胜寒742

选育单位： 北京市农林科学院蔬菜研究所

登记编号： GPD辣椒（2018）110626

推广地区： 适宜北京、山东、内蒙古、辽宁、河北、河南等北方地区春季、秋季和温室越冬栽培。

品种类型： 鲜食。

特征特性： 中早熟一代杂交品种，植株开展度中等，生长旺盛，连续坐果性强。果实长牛角形，果型顺直，果面光滑。商品果淡绿色，成熟果红色。商品果实纵径24～30 cm，横径约5 cm，单果重110～160 g。果皮光亮，商品性好，辣味适中。该品种耐寒性较强，抗烟草花叶病毒病。

栽培要点： 选砂壤土种植最佳，并要求底肥充足；培育壮苗移植，高畦栽培，单株定植，亩栽2 600株左右；重施腐熟有机肥，追施磷、钾肥，注意钙肥施用，果实膨大期避免发生缺钙现象。

28 国福 208

选育单位：北京市农林科学院蔬菜研究所
登记编号：GPD 辣椒（2018）110211
推广地区：适宜北京、广东、广西、海南等地春季保护地和南方秋冬季露地种植。
品种类型：鲜食。

特征特性：中早熟一代杂交品种，植株生长健壮，果实粗羊角形，果形顺直，肉厚质脆腔小，果实纵径23～25 cm，横径约3.5 cm，单果重约90 g；辣味适中，青熟果果色淡绿，老熟果红果鲜艳，红熟后不易变软，耐贮运，持续坐果能力强，商品率高；抗烟草花叶病毒病，耐热耐湿，越夏栽培结实率强，绿椒、红椒均可上市。

栽培要点：选砂壤土种植最佳，并要求底肥充足；培育壮苗移植，高畦栽培，单株定植，亩栽3 000株左右，需搭设支架或吊秧；重施腐熟有机肥，追施磷、钾肥，注意钙肥施用，果实膨大期避免发生缺钙现象。

29 郑椒 19

选育单位：郑州市蔬菜研究所
登记编号：GPD 辣椒（2018）410562
推广地区：河南、重庆、云南、陕西、湖北、广西等地。
品种类型：鲜食。

特征特性：‘郑椒19’是郑州市蔬菜研究所培育成的黄皮辣椒杂种1代。母本‘L230-8-6-3-1’来源于杂交 1 代辣椒品种‘田宝’，父本‘L302-5-2-2’来源于‘赤峰牛角椒’与台湾特大牛角椒杂交后代。‘郑椒19’中早熟，植株生长势强，平均株高92.5 cm，平均株幅78.3 cm，始花节位10.1节；果实羊角形，青熟期黄绿色，果面微皱，果实纵径22~29 cm，横径约4.1 cm，果肉厚约0.32 cm，平均果实心室数2.8个，单果重70~130 g；粗纤维1.26%，辣味中等。抗黄瓜花叶病毒病 、烟草花叶病毒病、疫病、炭疽病，较耐低温和弱光。平均亩产4 166.93 kg。适宜各地早春保护地栽培。2016年通过河南省种子管理站组织的专家鉴定验收。

栽培要点：选择适宜的播种期及定植期。培育无病壮苗。起垄定植，参考株距30~35 cm，行距55~60 cm，每亩定植3 700株左右。定植缓苗后应及时追施提苗肥，促进发棵。结果期肥水勤攻以发挥高产潜力。在生长过程中，应注意及时预防并防治各种病虫害。

30 宛椒 506

选育单位： 南阳市农业科学院

登记编号： GPD 辣椒（2018）410102

推广地区： 河南省南阳、许昌、驻马店等地。

品种类型： 既可鲜食，也可做辣椒酱。

特征特性： ‘宛椒506’是南阳市农业科学院以‘yb0801’为母本、‘hn1816’为父本选育的青皮辣椒杂交种。该品种生育期166.9天，春季露地定植至始收49.1天，属于中早熟品种类型。植株生长势中等，平均株高70.3 cm，株幅69.0 cm，始花节位12节；果实羊角形，青熟期绿色，果面光滑，平均果实纵径18.4 cm，横径3.2 cm，果肉厚0.29 cm，果实心室数2.6个，平均单果重44.4 g，单株平均结果数28.7个，一般亩产量3 130.63 kg；维生素C含量112 mg/100 g，粗纤维0.81%。抗烟草花叶病毒病、疫病、炭疽病。

栽培要点： 河南地区早春露地种植，1月中下旬至2月上中旬播种，采用穴盘育苗，4月下旬定植，定植前施足有机肥。采用小高畦覆膜栽培。每亩定植3 700株左右。

31 宛椒 507

选育单位： 南阳市农业科学院

登记编号： GPD 辣椒（2018）410114

推广地区： 河南省南阳、平顶山、驻马店、漯河等地。

品种类型： 既可鲜食，也可做辣椒酱。

特征特性： ‘宛椒507’是南阳市农业科学院以‘g2922’为母本、‘yb0801’为父本选育的黄皮辣椒杂交种。该品种生育期 185 天左右，属于中早熟品种类型。植株生长势强，抗逆性强，平均株高 85.8 cm，株幅77.8 cm，始花平均节位10.1节；果实羊角形，青熟期黄绿色，果面光滑，平均果实纵径22.3 cm，横径3.3 cm，果肉厚0.3 cm，果实心室数2.6个；维生素C含量81.2 mg/100 g，水分93.4%，粗纤维1.56%；平均单果重67.1 g，平均单株结果数24.5个，一般亩产量3 126.48 kg。抗病毒病、疫病、炭疽病。

栽培要点： 河南地区早春大棚种植，11月中旬至12月上中旬播种，采用穴盘育苗。翌年3月中下旬定植，定植前施足有机肥。采用小高畦覆膜栽培。一般亩定植2 500株左右。

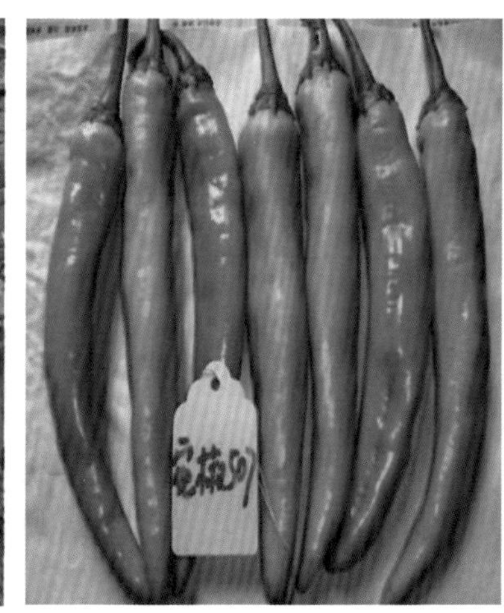

32 兴蔬 215

选育单位：湖南省蔬菜研究所
登记编号：GPD 辣椒（2018）431425
推广地区：适宜在湖南、湖北、江苏、广东、山东、山西、河南、河北、四川、云南、广西和重庆等地春季露地栽培。
品种类型：鲜食。

特征特性：‘兴蔬215’是湖南省蔬菜研究所选育的鲜食牛角椒品种，母本‘6423’来源于辣椒骨干亲本河西牛角椒中优良株系，父本‘8218’来源于‘湘潭迟班椒’的优良株系。株高60 cm左右，株幅75 cm × 75 cm，生长势中等，分枝性中等，田间植株生长整齐一致，坐果性好，始花节位11~13节；果实长牛角形，绿色，纵径约20.0 cm，横径约3.0 cm，果肉厚约0.33 cm，平均单果重约40 g，果表光亮微皱。

栽培要点：11月下旬至翌年2月上旬播种，每亩用种量30~40 g，2月至4月中下旬定植，忌连作，参考株行距40 cm × 50 cm。其他地区根据当地栽培条件确定播种期和定植期。

33 螺椒2号

选育单位：河南鼎优农业科技有限公司
登记编号：GPD辣椒（2021）410096
推广地区：河南省开封、许昌、周口、商丘等地。
品种类型：既可鲜食，也可做辣椒酱。

特征特性：该品种为杂交种，早熟，株高85 cm，株幅72 cm，株型紧凑；果实羊角形，平均纵径35 cm，横径4.1 cm，果肉厚度0.3 cm，平均单果重125 g，平均单株结果数23个；商品果颜色亮绿，开花结果期96天；维生素C含量40 mg/100 g，辣椒素含量0.55%。高抗黄瓜花叶病毒病、烟草花叶病毒病、疫病、炭疽病，耐低温，较耐高温。不适于盐碱地种植。第1生长周期亩产3 280.7 kg，比对照‘鼎螺五号’增产3.88%；第2生长周期亩产3 282.7 kg，比对照‘鼎螺五号’增产4.28%。

栽培要点：华北地区种植分早春保护地、露地秋延保护地两种形式，早春保护地播种期为11月中下旬，秋延保护地一般为6月中下旬。早春保护地一般采用温室育苗，每平方米苗床均匀撒播4~5 g种子，每亩用种量40~50 g需苗床12 m^{2}左右。早春保护地一般3月上中旬定植，早春露地一般在4月中旬定植。辣椒进入结果期后，结合浇水每亩可追施优质复合肥20 kg。

34 国福 803

选育单位： 北京市农林科学院蔬菜研究所

登记编号： GPD 辣椒（2022）110476

推广地区： 适宜在北京、河北春季保护地，山东、甘肃秋季保护地，陕西春季露地种植。

品种类型： 鲜食。

特征特性： 早熟一代杂交品种，植株生长势强，株型半开展。果实螺丝羊角形，果面皱，果基部皱褶。果实纵径约26.5 cm，横径约4 cm，果肉厚约0.25 cm，单果重约95 g，单株结果数约20个。商品果绿色，成熟果红色，味道辣。抗烟草花叶病毒病。

栽培要点： 保护地和露地栽培，选砂壤土种植最佳，重施腐熟有机肥。培育壮苗移植，高畦栽培，单株定植，亩栽3 000株左右。开花结果期追施磷、钾肥，注意钙肥施用，果实膨大期避免发生缺钙现象。

35 螺星

选育单位： 河南鼎优农业科技有限公司

登记编号： GPD 辣椒（2021）410095

推广地区： 河南省开封、许昌、周口、商丘等地。

品种类型： 既可鲜食，也可做辣椒酱。

特征特性： 该品种为杂交种，早熟，株高85 cm，株幅67 cm，株型紧凑；果实羊角形，纵径约35 cm，横径约4 cm，果肉厚约0.3 cm，单果重约120 g，单株结果数23个；商品果颜色绿，开花结果期96天；维生素C含量38 mg/100 g，辣椒素含量0.53%。高抗烟草花叶病毒病、黄瓜花叶病毒病、疫病、炭疽病，耐低温。第1生长周期亩产3 272.4 kg，比对照‘鼎螺五号’增产3.62%；第2生长周期亩产3 271.4 kg，比对照‘鼎螺五号’增产3.92%。

栽培要点： 华北地区种植分早春保护地、露地秋延保护地两种形式，早春保护地播种期为11月中下旬，秋延保护地一般为6月中下旬。早春保护地一般采用温室育苗，每平方米苗床均匀撒播4~5 g种子，每亩用种量40~50 g需苗床12 m^2左右。早春保护地一般3月上中旬定植，早春露地一般在4月中旬定植。辣椒进入结果期后，结合浇水每亩可追施优质复合肥20 kg。

36 博辣皱线 1 号

选育单位：湖南省蔬菜研究所

登记编号：GPD 辣椒（2018）431430

推广地区：适宜在湖南、河南、四川、云南、广东、辽宁、河北、陕西、山西、山东等地春季露地种植。

品种类型：鲜食品质线椒品种。

特征特性：'博辣皱线1号'是湖南省蔬菜研究所选育的早熟杂交线椒品种，母本'SJ09-94'是从安徽引进的螺丝椒品种经多代单株选育而成的优良自交系，父本'DB14-4-2-1'是从陇椒类型杂交品种中经多代单株选育而成的优良自交系。株高约62 cm，株幅约75 cm，植株生长势强，始花节位10节左右，中早熟；青果绿色，成熟果鲜红色，果实羊角形，果肩无，果尖尖，果表光亮有皱，果实纵径约26 cm，横径约2.64 cm，果肉厚约0.29 cm，单果重约32 g，味辣。

栽培要点：11月下旬至翌年2月上旬播种，每亩用种量30~40 g，4月上中旬定植，忌连作，参考株行距40 cm × 45 cm。其他地区根据当地栽培条件确定播种期和定植期。

37 鼎辣 22

选育单位： 河南鼎优农业科技有限公司

登记编号： GPD 辣椒（2018）411325

推广地区： 河南、安徽、甘肃、河北、湖北、山东、四川等地。

品种类型： 既可鲜食，也可做辣椒酱。

特征特性： 该品种为杂交种，早熟。在适宜温度及管理条件下，亮绿色线椒，果面光滑、条形顺直、色泽翠绿、香辣无渣；生育期约125天，株高60~80 cm，株幅60~70 cm，始花节位8~9节；果实纵径25~33 cm，横径1.5~2.0 cm，果肉厚0.25~0.3 cm，单果重35~40 g。耐湿热、弱光，生长势强，上部果不易变短。维生素C含量42 mg/100 g，辣椒素含量0.75%。抗黄瓜花叶病毒病、烟草花叶病毒病、疫病、炭疽病，耐低温，较耐高温。不适于盐碱地种植。

栽培要点： 在华北地区种植分早春保护地、露地秋延保护地两种形式，早春保护地播种期为11月中下旬，秋延保护地一般为6月中下旬。早春保护地在3月上中旬定植，早春露地在4月中旬定植。辣椒种植田应选择地势平坦或稍高、排灌方便的地块。底肥每亩施优质农家肥3 000 kg、优质复合肥80 kg，定植密度为每亩3 500株。

38 豫美人

选育单位： 郑州市蔬菜研究所
登记编号： GPD 辣椒（2018）410565
推广地区： 河南、广西、湖北、陕西、云南、重庆、江苏、浙江等地。
品种类型： 鲜食、加工兼用。

特征特性： ‘豫美人’是郑州市蔬菜研究所培育成的辣椒杂种1代。母本‘X-01-7-2-2’来源于从永城线椒选育出的浅绿色线椒材料与国外黄绿色羊角形辣椒品种的杂交后代，父本‘X-08-3-4-1-1’来源于本所选配的线椒组合后代。‘豫美人’属于中早熟品种。植株生长势强，抗逆性强，平均株高70 cm，株幅85 cm，始花节位10~11节；青熟期黄绿色，果面微皱，果实纵径约22 cm，横径约1.5 cm，果肉厚约0.21 cm，心室数2个为主；平均单果重21.4 g，平均单株结果数75个，味辣。中抗黄瓜花叶病毒病、烟草花叶疫病，抗炭疽病，抗逆性较强，较耐湿热和低温弱光。平均亩产3 139.22 kg。适宜早春保护地和露地栽培。2014年通过河南省种子管理站组织的专家鉴定验收。

栽培要点： 根据不同的栽培方式，选择适宜的播种期及定植期。起垄定植，每亩栽3 000~4 000株。保护地栽培要注意加强通风散湿，棚温30℃以上时要放风，在棚的两端及中部都要有风口，以利均匀放风。注意及时防治各种病虫害。

39 安椒 12

选育单位：安阳市农业科学院
登记编号：GPD 辣椒（2018）411463
推广地区：河南省安阳、濮阳、商丘，河北省鸡泽等地。
品种类型：既可鲜食，又可加工。

特征特性：母本‘m99-6’是1999年从本地七寸红的天然杂交后代中经六代系选育而成的高代自交系，父本‘538’是 2000 年从湘西长线椒中选出的一辣椒自交系。‘安椒 12 ’植株生长旺盛，枝条分枝角度大，连续坐果特性强，最多可连续不间断坐果 136 个，果形细长羊角形，果实纵径22~25 cm，横径1.8~2 cm，平均单果重 21 g，最大单果重36 g。该品种属于浓辣型，干鲜两用，既可鲜食又可加工。高抗病毒病，中抗疫病。适宜河南各地、河北鸡泽早春保护地和露地种植。2018年通过国家非主要农作物品种登记。

栽培要点：①早春大棚栽培一般 11~12 月播种育苗，3 月中旬定植。②施肥以有机肥为主，亩施优质腐熟有机肥3 600~6 000 kg，配合施入氮、磷、钾三元复合肥 30~40 kg，注意增施锌肥、钙肥。③定植密度，大棚栽培亩栽 3 000~3 200 株，露地栽培亩栽 3 500 株，采取单株定植。

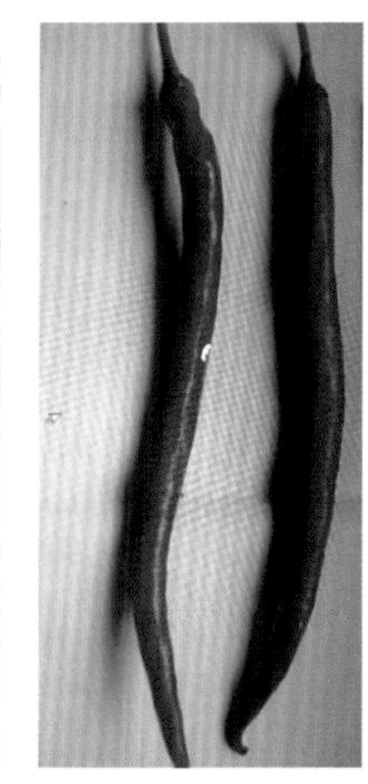

40 艳椒 11 号

选育单位： 重庆科光种苗有限公司
登记编号： GPD 辣椒（2018）500710
推广地区： 河南省驻马店、漯河、南阳、商丘。
品种类型： 红椒酱制和干制加工。

特征特性： ‘艳椒11号’是重庆科光种苗有限公司选育的杂一代新品种。母本为‘812-1-1-1-1’，来源于甘肃收集的材料，父本为‘811-2-1-1-1’，来源于江苏收集的材料。‘艳椒11号’属于中熟类型，果实商品性好，产量高，具有较强的抗病性，果实为细长牛角形，青椒绿色，老熟果红色，味辣，果面较光滑、有光泽。平均果实纵径21.3 cm，横径1.9 cm，果肉厚0.22 cm，平均单果重23.1 g，一般亩产2 022.7 kg，适宜河南各地早春地膜覆盖、起垄栽培。2018年获得国家农业农村部非主要农作物品种登记证书。

栽培要点： 河南省早春大棚和小拱棚育苗种植，2月下旬至3月中旬播种，采用基质穴盘育苗，4月中旬开始定植，地膜覆盖，起垄栽培，采取双行单株定植，春季栽培3 000~3 500株/亩，夏季栽培3 500~4 000株/亩。

41 兴蔬皱辣1号

选育单位：湖南省蔬菜研究所
登记编号：GPD 辣椒（2018）431431
推广地区：适宜湖南、山东、山西、江西、湖北、河北、河南、云南、江苏、四川等地春季露地栽培和春、秋两季保护地栽培。
品种类型：鲜食品质型品种。

特征特性：‘兴蔬皱辣1号’是湖南省蔬菜研究所选育的鲜食品质型牛角椒品种，母本‘SJ07-116’是从浏阳一地方品种经多代单株选择而成的优良自交系，父本‘SH1023’是利用安徽一螺丝椒品种经多代单株选择而成的优良自交系。该品种株高约65 cm，株幅约84 cm × 84 cm，植株生长势较强，始花节位11节，中早熟。青果绿色，生物学成熟果鲜红色，果表皱、棱沟明显，果形较直顺。果实纵径约23.6 cm，横径约2.8 cm，果肉厚约0.22 cm，平均单果重约37.5 g，皮薄肉嫩，辣味强。坐果多，连续坐果能力强。

栽培要点：春季栽培，11月下旬至翌年2月上旬播种，每亩用种量30~40 g，2~4月中下旬定植。秋季栽培， 7月上中旬播种，8月中旬定植。忌连作，参考株行距45 cm × 50 cm。其他地区根据当地栽培条件确定播种期和定植期。

二、加工辣椒

（一）单生辣椒

1 豫园干鲜6号

选育单位：河南省农业科学院园艺所

推广地区：河南省西华县、柘城县、太康县等地。

品种类型：鲜食、干制及酱制加工。

特征特性：该品种为雄性不育三系杂交种，中熟，始花节位10节，生长势强，株高约128 cm，株幅约94 cm，平均单株结果数71个；平均果实纵径15.8 cm，横径1.5 cm，果实厚0.14 cm，平均鲜椒单果重14.6 g，干鲜比16.1%，味辣，干椒辣椒素含量1.99 mg/g，维生素C含量105 mg/100 g，蛋白质2.73%，可溶性糖1.45%，粗纤维3.3%；抗病。鲜食、加工兼用。

栽培要点：河南地区早春露地栽培，于3月上中旬在温室内采用穴盘基质育苗，4月下旬定植。辣椒种植田应选择地势平坦或稍高、排灌方便的地块。整地前，每亩施入充分腐熟的有机肥5 000 kg和三元复合肥100 kg作底肥，精耕细耙，按120 cm间距起高垄，采用宽窄行定植，要求行距60 cm，穴距40 cm，单株定植，亩定植2 500株。植株开花期间，进行水分控制和蹲苗，防止秧苗徒长而引起落花落果；加强田间管理，及时中耕除草。辣椒整个生育期注意预防病毒病、疫病等，防治蚜虫、白粉虱、青虫等害虫。果实红熟后及时采摘，作鲜椒用时，3~5天采摘一次；作干椒用时，一次性采收，采收后及时烘干。

2 豫园干鲜8号

选育单位：河南省农业科学院园艺所
推广地区：河南省西华县、柘城县、太康县等地。
品种类型：鲜食、干制及酱制加工。

特征特性：该品种为雄性不育三系杂交种，中熟，株高约131 cm，株幅约97 cm，始花节位13节，平均单株结果数178个；果实纵径约10 cm，横径约1.25 cm，果肉厚约0.14 cm，平均鲜椒单果重5 g，干鲜比22.4%。味辣，干椒辣椒素含量4.22 mg/g，维生素C含量97.8 mg/100 g，蛋白质4.44%，可溶性糖3.44%，粗纤维7.2%；抗病。鲜食、加工兼用。

栽培要点：河南地区早春露地栽培，于3月上中旬在温室内采用穴盘基质育苗，4月下旬定植。辣椒种植田应选择地势平坦或稍高，排灌方便的地块。整地前，每亩施入充分腐熟的有机肥5 000 kg和三元复合肥100 kg作底肥，精耕细耙，按120 cm间距起高垄，采用宽窄行定植，要求行距60 cm，穴距40 cm，单株定植，亩定植2 500株。植株开花期间，进行水分控制和蹲苗，防止秧苗徒长而引起落花落果；加强田间管理，及时中耕除草。辣椒整个生育期注意预防病毒病、疫病等，防治蚜虫、白粉虱、青虫等害虫。果实红熟后及时采摘，作鲜椒用时，3~5天采摘一次；作干椒用时，一次性采收，采收后及时烘干。

3 艳椒 425

选育单位：重庆市农业科学院
登记编号：GPD 辣椒（2018）500167
推广地区：河南省渑池县、新安县、嵩县、西华县、柘城县、封丘县等地。
品种类型：干制、泡制及酱制加工。

特征特性：‘艳椒425’是重庆市农业科学院选育的一代杂交种，母本为‘481-4-1-1’，来源于泰国引进的材料，父本为‘750-1-1-1’，来源于河北的‘天鹰椒’。‘艳椒425’属于中晚熟类型，果实朝天，单生，小尖椒，果面光滑，光泽度好，果肉薄，青熟果绿色，老熟果红色，味辛辣，风味好；平均果实纵径8.89 cm，横径1.1 cm，果肉厚0.14 cm；平均单株挂果154.6个，平均单果重4.5 g，一般亩产 1 632.2 kg。果实商品性好，产量高，抗病毒病，中抗炭疽病和疫病。适宜河南各地早春地膜覆盖、起垄栽培。2018年获得国家农业农村部非主要农作物品种登记证书。

栽培要点：河南省早春大棚和小拱棚育苗种植，2月下旬至3月中旬播种，采用基质穴盘育苗，4月中旬开始定植，地膜覆盖，起垄栽培，采取双行单株定植，2 800~3 000株/亩。

4 艳椒 435

选育单位：重庆市农业科学院
登记编号：GPD 辣椒（2019）500163
推广地区：河南省西华县、通许县、渑池县等地。
品种类型：干制、泡制及深加工提取辣椒素。

特征特性：‘艳椒435’是重庆市农业科学院利用三系配套选育出的一代杂交种，母本为‘481-4-1A’，来源于韩国引进的‘新红奇’，父本为‘1019-2-1-1-1-1’，来源于‘世农朝天椒’。‘艳椒435’属于中晚熟类型，果实朝天，单生，小羊角形，果面光滑，光泽度好，青熟果绿色，老熟果红色，味辛辣；平均果实纵径7.9 cm，横径1.47 cm，果肉厚0.16 cm；平均单株挂果131.7个，平均单果重8.1 g，一般亩产 1 762.6 kg。果实商品性好，丰产性好，抗病毒病和疫病，中抗炭疽病。适宜河南各地早春地膜覆盖、起垄栽培。2019年获得国家农业农村部非主要农作物品种登记证书。

栽培要点：河南省早春大棚和小拱棚育苗种植，2月下旬至3月中旬播种，采用基质穴盘育苗，4月中旬开始定植，地膜覆盖，起垄栽培，采取双行单株定植，2 800~3 000株/亩。

5 艳椒 465

选育单位：重庆市农业科学院

登记编号：GPD 辣椒（2021）500644

推广地区：河南省渑池县、嵩县、西华县、柘城县、内黄县、扶沟县、太康县等地。

品种类型：干制、泡制和深加工提取辣椒素。

特征特性：‘艳椒465’是重庆市农业科学院利用三系配套选育出的一代杂交种，母本为‘481-4-1A’，来源于韩国引进的‘新红奇’，父本为‘1019-2-1-1-1-1’，来源于江苏的‘青利’。‘艳椒465’属于中晚熟类型，果实朝天，单生，羊角椒，果面光滑，硬度更好，光泽度好，青熟果绿色，老熟果红色，味辛辣，风味好；平均果实纵径10.1 cm，横径1.36 cm，果肉厚0.14 cm；平均单株挂果129个，平均单果重7.38 g，一般亩产1 808.2 kg。果实商品性好，产量高，抗病毒病和疫病，中抗炭疽病。适宜河南各地早春地膜覆盖、起垄栽培。2021年获得国家农业农村部非主要农作物品种登记证书。

栽培要点：河南省早春大棚和小拱棚育苗种植，2月下旬至3月中旬播种，采用基质穴盘育苗，4月中旬开始定植，地膜覆盖，起垄栽培，采取双行单株定植，2 800~3 000株/亩。

6 单芳五号

选育单位： 河南鼎优农业科技有限公司
登记编号： GPD 辣椒（2018）411159
推广地区： 河南省开封、许昌、周口、商丘等地。
品种类型： 既可鲜食，也可做辣椒酱。

特征特性： 该品种为杂交种。早熟，单生朝天椒，适宜气候和管理条件下，全生育期150~180天，株高约80 cm，开展度75 cm左右。早春11~12节开始分枝，果实纵径8~10 cm，横径约0.7 cm；青果深绿色有光泽，熟果艳红靓丽，且红熟后货架期长；前后期果一致性好，坐果能力强。维生素C含量67 mg/100 g，辣椒素含量0.15%。抗黄瓜花叶病毒病、烟草花叶病毒病、疫病、炭疽病，早春保护地耐低温，较耐高温。不适于盐碱地种植。

栽培要点： 华北地区种植分早春保护地和越夏露地两种形式，早春保护地播种期为11月中下旬，越夏露地一般为2月中下旬。每平方米苗床均匀撒播4~5 g种子，每亩用种量40~50 g需苗床12 m^2左右。早春保护地一般3月上中旬定植，越夏露地一般在4月中旬定植。底肥每亩施优质农家肥3 000 kg，优质复合肥80 kg，定植密度为每亩3 500株左右。

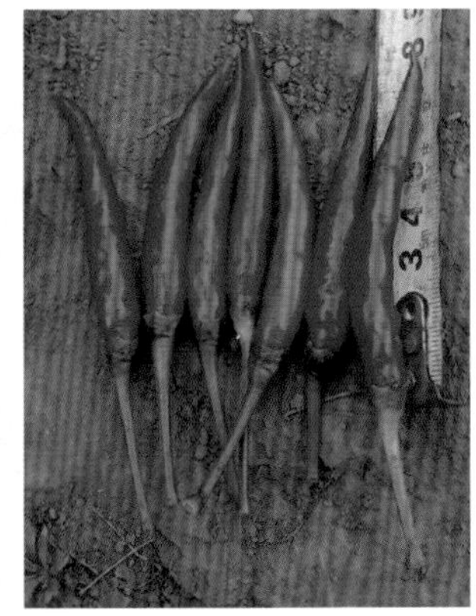

7　博辣天玉

选育单位： 湖南省蔬菜研究所

登记编号： GPD 辣椒（2018）431433

推广地区： 湖南、贵州、云南、广东、河南、河北、山东、重庆等地春季露地栽培。

品种类型： 鲜食朝天椒品种。

特征特性：‘博辣天玉’为湖南省蔬菜研究所选育的中早熟型朝天椒品种，母本‘朝1F2-3-2-3-1’是泰国朝天椒品种‘艳红’经多代单株选择而成的优良自交系，父本‘CJ13-9’是从重庆的一辣椒资源经多代单株选择而成的优良自交系。株高约88 cm，株幅约82.4 cm × 84.2 cm，植株生长势较旺，始花节位14节；青果绿色，生物学成熟果浅红色转鲜红色，果表光滑，果形较直顺；果实纵径约8.5 cm，横径约1.1 cm，果肉厚约0.17 cm，单果重约5.2 g，辣味强。

栽培要点： 11月下旬至翌年2月上旬播种，每亩用种量30~40 g，4月中下旬定植，忌连作，参考株行距50 cm × 50 cm。其他地区根据当地栽培条件确定播种期和定植期。

（二）簇生辣椒

1 椒哈哈

选育单位：河南省北科种业有限公司
登记编号：GPD 辣椒（2018）411752
推广地区：河南、山东、安徽、河北等地。
品种类型：干鲜两用，也可做辣椒酱、火锅底料等。

特征特性：‘椒哈哈’是由河南省北科种业有限公司选自朝天椒品种‘子弹头’大田种植中的变异株。该品种早熟，抗病，耐热，长势旺盛，抗逆性强。一般生育期约170天，平均株高65 cm，椒果朝天簇生，果实纵径约6 cm，横径约1.3 cm，青果绿色，熟果深红色，开花早，辣度高，脱水快。适宜在河南、山东、安徽、河北等地春、夏季温床育苗移栽或春季大田直播。2018年通过河南省种子管理站组织的专家鉴定验收。

栽培要点：春播2月20日至3月10日温床育苗，亩用种150 g苗床面积 15~20 m^2。5月1日至5月10日移栽大田，每亩保苗8 000株左右，视肥力而定，株距20 cm，行距 40 cm。大田移栽后及时浇水，摘心，促进侧枝生长。也可直接播种于大田，参照当地气温，4月5日至4月20日播种，亩用种500 g。夏椒栽培地区，3月10日至3月30日拱棚育苗，5月20日至6月10日移植大田，每亩保苗10 000株左右。全生育期注意防治蚜虫、飞虱，预防病毒病。

2 北科三鹰八号

选育单位：河南省北科种业有限公司
登记编号：GPD 辣椒（2019）410755
推广地区：河南省浚县、原阳县、西华县等地。
品种类型：干鲜两用，常用于辣椒酱、火锅底料等。

特征特性：‘北科三鹰八号’选自朝天椒品种‘三樱六号’大田种植中的变异株。该品种早熟，耐高温，生长势强，单株结果能力强。株高约58 cm，株幅约65 cm，分枝能力较强，易坐果，坐果多，单簇结椒10~15个，果实个大，朝天簇生，单果重5~6 g，果实纵径5.7~6.0 cm，横径1.1~1.3 cm。椒果均匀，味香辣。适宜在河南、山东、安徽、河北春夏季温床育苗移栽或春季大田直播。2016年通过河南省种子管理站组织的专家鉴定验收。

栽培要点：①春季温床育苗，参照当地气温2月20日至3月10日，亩用种约150 g，苗床15~20 m^2，苗龄约60天，每亩保苗约8 000株，行距40 cm，株距20 cm。也可以直接播种于大田，播种时间参照当地气温，亩用种约200 g。②夏季拱棚育苗栽培，每亩保苗约10 000株。

3 天问五号

选育单位：寿光先正达种子有限公司
推广地区：河南、山东、安徽、河北、辽宁等地。
品种类型：制干。

特征特性：‘天问五号’是杂交一代簇生朝天椒，三鹰椒类型，早熟。分枝能力强，每株分枝可达12~14个，坐果多，簇生性好。果实纵径约6 cm，横径约0.7 cm，果实整齐，成熟一致，利于一次采收。鲜椒亮丽，籽粒饱满，硬度好，椒果可晾干，干椒饱满亮丽，辣味浓。作干椒用途时，天问五号虽脱水较快可自然晾干，但仍然建议鲜椒烘干，可提高干椒质量，减少花皮。

栽培要点：选择合理播期，育苗移栽，参考栽培密度6 000~6 500株/亩，单株栽培，植株长到10~14片叶时打顶，促进植株分枝，提高植株的整齐性和坐果的一致性。天问五号坐果率高，坐果之前应控制植株旺长，果实转色期严格控制肥水，减少回头枝和二茬果，提高干椒品质。整个生育期加强病虫害防治，以获得优质高产。

4 天红 16

选育单位：河南红绿辣椒种业有限公司
推广地区：河南、河北、山西、山东、安徽。
品种类型：制干。

特征特性：‘天红16’是杂交一代簇生朝天椒品种，三鹰椒类型，中早熟。株高90~100 cm，果实纵径6~7 cm，横径1~1.2 cm，单果鲜重约3 g。该品种果实脱水快，易自然晾干，抗日灼，花皮少，椒形饱满，果色亮丽，椒果商品性好，辣度高，香味浓。

栽培要点：选择合理播期，育苗移栽，参考栽培密度6 000株/亩，单株栽培，植株长到10~14片叶时打顶，促进植株分枝，提高植株的整齐性和坐果的一致性。‘天红16’坐果率高，坐果之前应控制植株旺长，果实转色期严格控制肥水，减少回头枝和二茬果，提高干椒品质。整个生育期加强病虫害防治，以获得优质高产。

5 宛椒207

选育单位：南阳市农业科学院
登记编号：GPD 辣椒（2020）411011
推广地区：河南南阳地区。
品种类型：制干。

特征特性：‘宛椒207’是南阳市农业科学院以日本枥木‘三鹰椒’为母本、‘特抗高产三号’为父本杂交，经多年系统选育而成的优良品种。该品种平均生育期205.2天，平均株高69.5 cm，株幅51.6 cm，有效分枝数8.0个，平均果实纵径5.1 cm，横径0.9 cm，平均单果鲜重1.1 g，单果干重0.63 g，平均单株果数96个，平均亩产331.3 kg。花皮果率10%，青熟果绿色，成熟期果红色，果面光滑，商品性好。维生素C含量136 mg/100 g，辣椒素含量81.8 mg/kg。高抗烟草花叶病毒病、疫病、炭疽病。2020年通过中华人民共和国农业农村部品种登记。

栽培要点：河南省露地栽培。露地种植以2月下旬至3月上旬播种，4月下旬至5月上旬定植为宜；采用穴盘基质育苗；定植前施足有机肥，每亩定植9 000株左右，单株定植；定植后加强中耕除草及肥水管理，促进秧苗早发棵，早封垄，提高坐果率，提高产量；打顶后及终花期各追肥1次，每次每亩追施10~15 kg三元复合肥，促使果实膨大；及时防治病虫害；果实充分成熟后及时采摘晾晒或烘干。

6　宛椒208

选育单位：南阳市农业科学院

登记编号：GPD辣椒（2020）411010

推广地区：河南南阳地区。

品种类型：制干。

特征特性：‘宛椒208’是南阳市农业科学院以‘宛椒9918’为母本、日本栃木‘三鹰椒’为父本杂交，经多年系统选育而成的优良品种。该品种平均生育期209.9天，平均株高76.5 cm，株幅49.7 cm，有效分枝数7.6个，平均果实纵径6.0 cm，横径1.1 cm，平均单果鲜重1.6 g，单果干重0.66 g，平均单株果数85个，平均亩产294.3 kg。花皮果率9.5%，青熟果绿色，成熟期果红色，果面微皱，商品性好。维生素C含量165 mg/100 g，辣椒素含量181 mg/kg。高抗烟草花叶病毒病、疫病、炭疽病。2020年通过中华人民共和国农业农村部品种登记。

栽培要点：河南省露地栽培。露地种植以2月下旬至3月上旬播种，4月下旬至5月上旬定植为宜；采用穴盘基质育苗；定植前施足有机肥，每亩定植8 000株左右，单株定植；定植后加强中耕除草及肥水管理，促进秧苗早发棵，早封垄，提高坐果率，提高产量；打顶后及终花期各追肥1次，每次每亩追施10~15 kg三元复合肥，促使果实膨大；及时防治病虫害；果实充分成熟后及时采摘晾晒或烘干。

7 豫樱二号

选育单位： 河南省农业科学院园艺研究所

推广地区： 河南临颍县、太康县、柘城县、鄢陵县、唐河县、栾川县、渑池县等地。

品种类型： 鲜食加工兼用。

特征特性： 中早熟品种，株高约65 cm，分枝能力强；果实纵径6~7 cm，横径约1.2 cm；椒果朝天簇生，叶色深绿，青果绿色，熟果红色，辣味弱。椒果干物质含量高，易晾晒。抗病，平均亩产391 kg，果指形，红熟果红色，果面光滑，有光泽。

栽培要点： 2月中旬至3月中下旬温床育苗，亩用种150 g。每亩6 000~8 000株，视肥力而定。株距20 cm，行距40 cm。大田移栽后及时摘心，促进侧枝生长，多施磷、钾肥，雨季注意排水防涝。全生育期注意防治蚜虫、飞虱，预防病毒病。

8　椒大大

选育单位：河南鼎优农业科技有限公司
登记编号：GPD 辣椒（2021）410778
推广地区：河南省开封、许昌、周口、商丘等地。
品种类型：制干。

特征特性：杂交种。适宜气候及管理条件下，株高约65 cm，株幅约65 cm，果实纵径7~9 cm，横径约1.2 cm；果大，颜色深红靓丽，辣味浓；果簇向上，簇大，结果集中，结籽量大。抗病能力强，抗倒伏，易晒干，商品性佳。维生素C含量158 mg/100 g，辣椒素含量0.56%。高抗黄瓜花叶病毒病、烟草花叶病毒病、疫病、炭疽病，较耐高温，不适于盐碱地种植。第1生长周期平均亩产356.3 kg，比对照‘鼎鼎红’增产9.4%；第2生长周期平均亩产348 kg，比对照‘鼎鼎红’增产8.6%。

栽培要点：早春露地一般在4月中旬定植。播种前浇足底水，待水分渗干后即可播种，每平方米苗床均匀撒播4~5 g种子，每亩用种量40~50 g需苗床12 m^2左右。播完后覆0.5~1.0 cm的过筛细土，然后盖上地膜和塑料薄膜，晚上塑料薄膜上面加草毡以保温，待10~15天幼苗大部分出土后将地膜揭除。晴天当棚内温度超过30 ℃时注意放风降温，苗床温度管理以白天20~30 ℃，夜间10~17 ℃为宜。底肥每亩施优质农家肥3 000 kg、优质复合肥80 kg，定植密度为每亩1 500株左右。进入结果期后，结合浇水每亩可追施优质复合肥20 kg。根据天气情况适期灌水。

9 群星5号

选育单位： 河南鼎优农业科技有限公司
登记编号： GPD辣椒（2021）410510
推广地区： 河南省开封、许昌、周口、商丘等地。
品种类型： 制干。

特征特性： 该品种为杂交种。早熟簇生朝天椒，适宜气候及管理条件下较常规种上市早；果实整齐，籽粒饱满，鲜椒硬度好；干椒质量好，果面光滑，辣味浓；坐果多，主枝每簇约15个；红椒颜色亮丽，成熟一致性好，果实脱水快，可自然晾干。维生素C含量147 mg/100 g，辣椒素含量0.156%。抗黄瓜花叶病毒病、烟草花叶病毒病、疫病、炭疽病，耐低温，较耐高温，不适于盐碱地种植。

栽培要点： 华北地区种植分早春保护地和越夏露地两种形式，早春保护地播种期为11月中下旬，越夏露地一般为2月中下旬。每平方米苗床均匀撒播4~5 g种子，每亩用种量40~50 g需苗床12 m^2左右。早春保护地在3月上中旬定植，越夏露地在4月中旬定植。底肥每亩施优质农家肥3 000 kg，优质复合肥80 kg，定植密度为每亩3 500株左右。

10 新二代

选育单位：河南红绿辣椒种业有限公司

推广地区：河南安阳。

品种类型：制干。

特征特性：‘新二代’是河南红绿辣椒种业有限公司2019年培育的小果型簇生朝天椒杂交品种。中早熟，株高75~80 cm，株幅40~45 cm，始花节位22节，果实纵径5~5.5 cm，横径1~1.1 cm，植株健壮，簇生性好，每簇果10~20个，果色绿转红，红果饱满鲜亮，单果鲜重约2.9 g。易自然风干，花皮少，干后椒果饱满红亮，无褶皱，香味浓郁，辣度高。

栽培要点：适宜在河南、山东、河北等华北地区做春季露地、麦套或蒜套栽培种植，2月下旬至3月上旬播种，小拱棚育苗，4月底5月初定植，每亩6 000~6 500株，注意施足底肥，增施磷、钾肥。对土壤要求不严，砂壤土、壤土、黏土均可种植，不宜在地势较低洼的田地种植，怕水涝。

11 三樱九号

选育单位：河南省农业科学院园艺研究所
推广地区：河南省清丰县、滑县、虞城县、上蔡县、新安县、灵宝市。
品种类型：鲜食加工兼用。

特征特性：该品种为中早熟品种，株高约65 cm，分枝能力强，抗性好，坐果率高。椒果簇生，单簇可达16个果以上，果实纵径6~7 cm，横径约1.2 cm。成熟果鲜红，果面光滑有光泽，椒果干物质含量高，易晾晒，亩产约400 kg，高产可达550 kg以上，商品率高，卖相好。

栽培要点：喜生茬，不宜连作，低洼地不宜栽培。施足底肥，重施磷、钾肥：一般亩施磷肥75 kg，氯化钾25 kg或硫酸钾20 kg，氮肥50 kg。合理密植：大田栽培行距为单株35~40 cm，双株45~50 cm，株距为单株20~25 cm，双株25~30 cm。主要防治的害虫有蚜虫、棉铃虫、菜青虫，可用速灭杀丁、来福灵、功夫乳油等药剂喷洒。

12 天宇3号

选育单位: Seminis Vegetable Seeds Inc（圣尼斯蔬菜种子有限公司）
登记编号： GPD 辣椒（2020）110968
推广地区： 四川、山东及河南地区春季露地种植。
品种类型： 既可鲜食，也可做干椒。

特征特性： ‘天宇3号’是圣尼斯蔬菜种子有限公司选育的簇生朝天椒品种杂交1代，母本‘HAS-121-0920A’，来源于韩国‘DH356’，父本‘HAS-121-1514R’来源于韩国农家品种‘HN110’。‘天宇3号’中熟，簇生，每簇6~8个果，果实纵径5~7 cm，横径0.8~1.0 cm；植株高大，分枝性能强，坐果能力高；鲜椒脆度好，颜色亮丽，烘干不皱皮，果面光滑，果实大小均匀，籽粒饱满，颜色油亮，味道辛辣鲜美，商品品质优。

栽培要点： 河南地区春季，洋葱茬、大蒜茬、麦椒套等茬口，采用基质穴盘育苗，亩定植3 500~4 000株。定植前施足有机肥，定植后适时培土，促进根系发育，保证植株健壮生长。

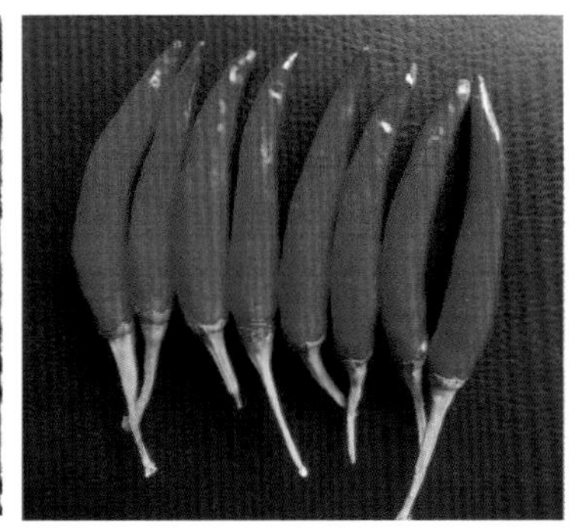

13 博辣天骄 1 号

选育单位：湖南省蔬菜研究所
登记编号：GPD 辣椒（2021）430788
推广地区：适宜在湖南、河南、河北、山东等地春季露地栽培。
品种类型：干制朝天椒品种。

特征特性：‘博辣天骄1号’为湖南省蔬菜研究所选育的早熟型朝天椒品种，母本‘J04-48-1A’是2013 年选育成的胞质雄性不育系，父本‘CJ15-15’是从国外一个簇生椒杂交品种F2 分离再经多代单株选择而成的优良自交系。该品种是簇生朝天椒品种，株高约64 cm，株幅约56 cm，始花节位15节，全株10~15簇，每簇约10个果，果实纵径约7.1 cm，横径约0.9 cm，果肉厚约0.1 cm，鲜椒单果重约3.4 g，维生素C含量156.3 mg/100 g鲜重，辣度52840 SHU，干物质含量25.2%。小指形，果面光，整齐一致；辣味强，果皮较薄，易自然干，干制率高。

栽培要点：11月下旬至翌年2月上旬播种，每亩用种量30~40 g，4月中下旬定植，忌连作，参考株行距50 cm × 50 cm。其他地区根据当地栽培条件确定播种期和定植期。

14 北科-20

选育单位：河南省北科种业有限公司
登记编号：GPD 辣椒（2022）410146
推广地区：适宜河南春、夏季温床育苗移栽或春季大田直播。
品种类型：干鲜两用。

特征特性：长势强，中熟，株高70 cm，株幅30 cm，株型紧凑。果指形，纵径8~10 cm，横径1.1~1.2 cm，果肉厚约0.1 cm，单果重约5 g，单株结果数约80个，商品果颜色深红色，开花结果期约50天，辣味中等，产量高，易制干。

栽培要点：根据当地气温情况，春椒一般2月20日至3月10日温床育苗，亩用种100 g，苗床15~20 m^2，4月20日至5月10日移植大田，行距40 cm，株距20 cm，每亩保苗8 000株。也可以直接播种于大田，参照当地气温，4月5日至4月29日播种，亩用种500 g左右。定植后要及时浇水、除草、摘心，加强田间管理。

15 北科

选育单位：河南省北科种业有限公司
登记编号：GPD 辣椒（2022）410145
推广地区：适宜河南春夏季温床育苗移栽或春季大田直播。
品种类型：干鲜两用。

特征特性：长势强，早熟，株高约65 cm，株幅约30 cm，株型紧凑。果指形，纵径5~7 cm，横径1~1.1 cm，果肉厚约0.1 cm，单果重约4 g，单株结果数约90个，商品果颜色深红色，开花结果期约50天，坐果集中，中辣度，易干制。

栽培要点：根据当地气温情况，春椒一般2月20日至3月10日温床育苗，亩用种100 g，苗床15~20 m^2，4月20日至5月10日移植大田，行距40 cm，株距20 cm，每亩保苗8 000株。也可以直接播种于大田，参照当地气温，4月5日至4月29日播种，亩用种500 g左右。夏椒栽培地区，3月10日至3月20日拱棚育苗，5月20日至6月10日移栽大田，每亩保苗10 000株左右。定植后要及时浇水、除草、摘心，加强田间管理。

16 弘登宝

选育单位：河南省北科种业有限公司
登记编号：GPD 辣椒（2022）410143
推广地区：适宜河南春夏季温床育苗移栽或春季大田直播。
品种类型：干鲜两用。

特征特性：长势强，早熟，株高约65 cm，株幅约45 cm，株型紧凑。果指形，纵径6~8 cm，横径1~1.2 cm，果肉厚约0.1 cm，单果重约5 g，单株结果数约80个，商品果颜色红色，开花结果期约50天，辣度中，脱水快。

栽培要点：根据当地气温情况，春椒一般2月20日至3月10日温床育苗，亩用种100 g，苗床15~20 m^2，5月1日至5月10日移植大田，行距40 cm，株距20 cm，每亩保苗8 000株。大田移栽后及时浇水、摘心，促进侧枝生长。也可直接播种于大田，参照当地气温，4月5日至4月20日播种，亩用种500 g左右。夏椒栽培地区，3月10日至3月20日拱棚育苗，5月20日至6月10日移栽大田，每亩保苗10 000株左右。全生育期注意防治蚜虫、飞虱，预防病毒病。

17 椒大壮

选育单位： 河南省北科种业有限公司
登记编号： GPD 辣椒（2022）410144
推广地区： 适宜河南春夏季温床育苗移栽或春季大田直播。
品种类型： 干鲜两用。

特征特性： 长势强，早熟，株高约65 cm，株幅约45 cm，株型紧凑。果指形，纵径7~9 cm，横径1~1.2 cm，果肉厚约0.1 cm，单果重约5.5 g，单株结果数约80个，商品果颜色红色，开花结果期约50天，辣度中，产量高，易干制。

栽培要点： 根据当地气温情况，春椒一般在2月20日至3月10日温床育苗，亩用种150 g，苗床15~20 m^2，4月20日至5月10日移植大田，行距40 cm，株距20 cm，每亩保苗8 000株。也可以直接播种于大田，参照当地气温，4月5日至4月29日播种，亩用种500 g左右。夏椒栽培地区，3月10日至3月20日拱棚育苗，5月20日至6月10日移栽大田，每亩保苗10 000株左右。定植后要及时浇水、除草、摘心，加强田间管理。

18 内黄新一代

推广地区：适宜河南春、夏季温床育苗移栽或春季大田直播。
品种类型：干鲜两用。

特征特性：长势强，果长约5 cm，果色鲜红，果顶钝圆，具有辣味强，品质佳，高抗病，抗重茬，易晒干，产量高等特点，烹饪后既辣又香。

栽培要点：春播2月上中旬育苗，4月中下旬定植，套种3月上旬至4月上旬育苗，6月上旬定植（不同地区因时而定），亩栽密度8 000~10 000穴，一穴双株，花前控旺，矮化植株，视肥力而定，定植后及时浇水，中耕，除草，注意防涝抗旱。

19 天润椒 1 号

选育单位：鄢陵县天润农业发展有限公司、鄢陵种子站
登记编号：GPD 辣椒（2021）410633
推广地区：长江以北区域种植，河南、安徽、山东等地。
品种类型：干鲜两用。

特征特性：该品种为早熟品种，长势强，株高约60 cm，叶大皮厚籽多，不花皮不裂果，成熟一致，耐旱耐涝，连续坐果能力强，防“三落”，高抗炭疽病，特抗重茬，强抗倒伏，有效分枝8~10个，单株挂果超过320个，果实纵径6~7 cm，横径1.3~1.4 cm，椒果深红发亮，辣味高，品质好。

栽培要点：早春露地一般2月中下旬至3月初采用小拱棚育苗。播种前浇足底水，待水分渗干后即可播种，一般每平方米苗床均匀撒播10~12 g种子，每亩用种量100~125 g需苗床10~12 m^2。播种后到出苗前，特别要以保温防冻为主，应对苗床增温，即把地膜封严，提高土壤温度。早春露地一般4月中下旬定植，定植密度为每亩7 000~8 500株。定植前对苗床浇一次透水，促进苗生发新根。病虫害防治要以防为主，及时喷药治疗。药剂防治要7~10天喷一次，雨后补喷。

附录

附录 1　全国十大名椒——柘城辣椒

河南柘城是我国著名的“三樱椒之乡”，近年来，辣椒产业是柘城兴县富民的支柱产业。

（一）自然条件

柘城地处豫东平原，属于暖温带大陆性季风气候，春秋日照时间长，昼夜温差适中。年平均日照时数为 4 426.9 时，6 月最多，日照时数为 191.1 时，日照百分率为 49%，在三樱椒生殖生长最快的 6~9 月，日照时数最多，足够的光照既保障了三樱椒的苗壮成长，又提高了三樱椒的品质。柘城年平均降水量为 801.3 mm，砂壤土占 80% 以上，有机质含量丰富，通透性好，保水、保肥力强，良好的土壤、气候条件孕育出独特的辣椒优良品质。且该区域没有大型矿山、工厂、垃圾场等污染源，空气质量好，非常适宜作为直根系、浅根系作物三樱椒的生长基地。柘城有黄河、惠济河、太平沟三条河流流经境内，有效灌溉面积 90 万亩，灌溉排水条件先进。柘城优越的气候、水文等自然环境，为柘城辣椒提供了天然的生长温室，独特的地理环境造就了柘城辣椒的独特品质，属于辣椒中的极品。

（二）生产规模

柘城辣椒始于 1976 年，主要以慈圣镇为种植中心，由于种植优势突出和效益明显，全县 20 个乡镇均有种植，面积迅速扩大。近年来，柘城大力实施辣椒种植“百千万”工程，打造辣椒种植百亩方 100 个、千亩方 50 个、万亩方 10 个，加速土地流转，采取土地托管入股，小块并大块，联产联营等模式，积极稳妥推进土地流转，全县共流转 500 亩以上的基地超过 30 个。至今已常年稳定在 40 万亩，年产干椒 12 万 t，其中国家级出口食品农产品质量安全示范区 25 万亩。

（三）地理标志

为提高柘城辣椒品牌知名度，大力实施质量兴椒战略，强化科技创新，严格质量标准，推进“三品一标”建设。柘城辣椒先后被授予“国家无公害农产品”、“国家地理标志证明商标”、“国家地理标志保护产品”、“中国气候生态优品”、“全国名优特新农产品”认证，被农业农村部确定为农产品地理标志登记产品，荣获“2018 中国质量之光十大年度魅力品牌”，荣登国家地理标志产品区域品牌百强榜，品牌价值为 44.17 亿元。柘城三樱椒果长 4~5 cm，肩宽 0.8~1 cm，椒果质细肉厚，色泽深红油亮，辣味浓郁芳香，营养价值丰富。辣椒素含量≥ 0.8%，粗纤维含量＜ 28%，维生素含量居蔬菜之冠。可干鲜食用，属调味佳品，可加工提取辣味素、红色素、辣椒碱等，低温冷藏可长期存放。其生产区域范围为起台镇、老王集乡、胡襄镇、大仵乡、洪恩乡、陈青集镇、牛城乡、马集乡、慈圣镇、远襄镇、岗王镇、伯岗镇、李原乡、张桥镇、皇集乡、安平镇。

（四）产品荣誉

“柘城辣椒”先后被授予“国家无公害农产品”、“国家地理标志证明商标”、“国家地理标志保护产品”、“中国气候生态优品”、“最受市场欢迎农产品”、“农产品区域公用品牌”认证。

1999 年 9 月，柘城县被农业部命名为“中国三樱椒之乡”。

2003 年，柘城三樱椒跻身“河南省名牌农产品”之一。

2006 年，柘城县被省农业厅认定为“河南省无公害农产品生产基地”。

2007 年 9 月，柘城承担的国家级无公害三樱椒标准化示范项目正式通过国家考核验收，获农业部“无公害三樱椒生产基地”和“无公害农产品”认证。

2009 年，柘城县在中国（长沙）辣椒产业博览会上荣获“中国小辣椒之乡”称号。

2016 年 12 月，柘城县荣获 2016 年全国最具影响力的中国辣椒之乡网络评选第一名。

2017 年 12 月 29 日，国家质检总局批准对“柘城辣椒”实施地理标志产品保护。

2018 年荣获中国 2018 质量之光十大年度魅力品牌。

2019 年荣登中国地理标志区域品牌百强榜，品牌价值 44.17 亿元。

2020 年获得国家农产品地理标志登记保护、“全国十大名椒”称号。

附录 2 全国十大名椒——内黄尖椒

内黄尖椒种植有三十多年的历史，目前全县种植面积 30 余万亩，种植环境远离工业区，内黄县特殊的地质和气候条件，使得内黄尖椒以其优质、高产、耐抗、耐煮、色泽鲜、辣度高、椒形美、商品性好以及区域集中等独特优势，在国内外有较高知名度。先后被授予“全国十大名椒”、“全国名特优新农产品”、“农产品地理标志产品”、“无公害农产品”认证、“河南省知名农业品牌”等荣誉称号，受到辣椒制品企业和火锅餐饮企业的青睐。产品销售到全国各地，并出口到美国、西班牙、德国、俄罗斯等 10 多个国家和地区，出口创汇 336.14 万美元。

（一）自然条件

内黄县是农业大县，地处豫北革命红色沙区，黄河北岸，属于黄河冲击平原，地势平坦，土壤肥沃，光照充足，适宜朝天椒生长，深井水灌溉生产的朝天椒具有色泽鲜艳，营养丰富，椒香味浓，耐水煮等特点，在全国干椒市场上深受消费者欢迎。

内黄县境内属于暖温带大陆性季风气候，四季分明，光照充足，年平均温度为 13.7 ℃，年平均地温 15.9 ℃，10 ℃以上积温 4 359.4 ℃，相对湿度年平均为 68%，光照时间年平均为 2 188.8 h，年日照百分率 54.4%。年平均降水量为 596.7 mm，降水较为充沛，能满足辣椒生长期对水分的需求。辣椒喜温暖，内黄县夏季温度在 27~35 ℃，适宜辣椒生长对温度的需求，平均温度在 24~27 ℃，有利于维生素 C 的合成和积累。内黄县为黄河冲积平原，土壤 pH 值 7~8，属弱碱性，有机质含量为 6%~7%，即能有效地促进辣椒的正常生长发育，促进果实膨大发育，有利于辣椒碱的积累，提升整体质量。

（二）生产规模

内黄县尖椒产业始于 1992 年，由六村乡进行示范性种植，1993 年面积扩大到 2 000 亩，后逐步扩大到邻近的井店镇、亳城乡、后河镇等地，1996 年全县发展到 2.2 万亩，单产达 241 kg，总产达到 530.2 万 kg。1996 年在六村乡政府东边马白路两侧建立了内黄县尖椒批发市场，占地面积 6.5 万 m^2，投资 1 200 万元，房屋 900 间。1998 年县委、县政府把尖椒纳入农业发展规划。2000 年面积迅速扩大，由上年的 4.5 万亩扩大到 14.32 万亩，总产达到 2.5 万 t，面积、总产分别比 1996 年增加 12.12 万亩和 1.97 万 t。2006 年面积扩大到 30 万亩，全县各乡镇均有种植，但以六村、后河、马上、井店等乡镇最为集中。安阳市农业科学院、内黄县农业部门积极做好新品种引进、试验、示范与推广工作，通过建立高产攻关展示田、新品种示范田，大力推广尖椒栽培新技术，单产和总产逐步增加，经济效益逐年提高，成为全县农民收入的重要来源。2009 年全县尖椒面积 30 万亩，总产 8.1 万 t。先后引进推广新一代、和美神草、沙区红、丰抗系列等优良品种，种植模式多采用“3–2 式小麦辣椒”或“3–2–1 式小麦辣椒玉米”间作套种模式，2016 年引进“3–2 式大蒜辣椒”间作套种模式，示范推广面积 180 亩，2017 年迅速发展到 2 000 亩以上。

（三）地理标志

为提高内黄辣椒品牌知名度，2019年“内黄尖椒”入选“国家农产品地理标志”，证明商标商品的特定品质：株型紧凑，果实簇生，果长4~5 cm，未成熟时绿色，干椒不皱皮，果实成熟深红色，发亮，籽多皮薄易干，香辣味特浓，椒形美，富含辣椒素。每百克含维生素C大于6 mg，每百克含碳水化合物大于3 g。使用“内黄尖椒”地理标志证明商标商品的生产地域范围为：内黄县的城关镇、东庄镇、井店镇、梁庄镇、后河镇、楚旺镇、田氏镇、张龙乡、马上乡、高堤乡、亳城乡、二安乡、六村乡、中召乡、宋村乡、石盘屯乡、豆公乡。2020年8月根据中国蔬菜流通协会《关于开展第5届贵州·遵义国际辣椒博览会“全国十大名椒”评选活动的通知》（中菜协字〔2020〕10号）和《补充通知》（中菜协字〔2020〕12号），经专家组评委在公平、公正的原则下，严格按照评选标准对各地申报资料和样品进行现场评审，最终按照得分高低排名，评选出十个辣椒品牌，内黄尖椒被授予“全国十大名椒”称号，位居第五。

附录 3　河南省辣椒产业园

柘城县河南省首批现代农业产业园

柘城县现代农业产业园于 2019 年开始建设，总面积 172 km^2，耕地面积 16.2 万亩，包括柘城县慈圣镇、牛城乡、马集乡 3 个乡镇全部行政村和大仵乡 3 个行政村。产业园以辣椒为主导产业，按照“一核、二区、一带、五基地”建设规划，带动了全县 40 万亩辣椒种植，全县形成了辣椒品种研发、种植、储存、加工、贸易、物流一条龙的完整产业链条。

一是种植规模不断扩大。全县培育种椒专业村 106 个，千亩良种繁育基地 8 个，万亩辣椒绿色种植基地 10 个，被命名为中国辣椒之都。

二是产业链条不断延伸。辣椒产业形成了从种子繁育、规模种植、冷藏运输、精深加工等较为齐全的产业链条，重庆红日子、贵州旭阳等国内知名企业落地柘城。

三是农产品质量进一步提升。建立河南省辣椒及制品质量检验检测中心，成立了中国农业科学院全国特色蔬菜技术体系综合试验站、中国科协全国辣椒生产与加工技术交流中心。辣椒优良品种纯度达到 99%，在全国 6 大辣椒主产区推广种植 260 万亩，占全国市场的 70%。

四是农业品牌建设效果明显。推进“三品一标”建设，全县已认证“三品一标”农产品面积 67 万亩，获得“三品一标”农产品认证 16 个。成功创建国家级出口农产品质量安全示范区，“柘城辣椒”通过“国家地理标志证明商标”、“国家地理标志保护产品”、“中国气候生态优品”认证、荣获“全国十大名椒”、“2020 美丽乡村博鳌国际峰会推荐名品”称号，成为《中欧地理标志协定》保护产品。连续 4 年成功承办全国辣椒产业大会，有力提升了柘城辣椒品牌的知名度和美誉度。

五是交易市场地位领先。引进河南万邦物流集团投资 20 亿元，建设占地 800 亩集现货交易、期货交割、仓储物流、电子商务、配套服务于一体的中国·万邦柘城辣椒物流城，全县辣椒年交易量突破 70 万 t、交易额超过 100 亿元，年出口创汇 2 亿余元。柘城辣椒大市场被列入全国农产品价格指数监测网点，每天在央视发布价格指数。

六是融合发展态势强劲。启动建设规划面积 3.6 km^2 的辣椒特色小镇和 46 km^2 的柘城县特色农业产业园，高标准打造集科技研发、精深加工、会展中心、交易中心、辣椒文化、休闲旅游于一体的融合发展样板区，建成后将成为全国辣椒产业链、创新链、服务链、资金链、政策链高度集聚的发展高地。

七是带动农民增收显著。园区内聚集各类经营主体 100 余家、交易市场 3 个，各类新型经营主体成为产业园建设主体力量，形成了合作制、股份制、订单农业等多种利益联结模式，园区内产业就业人数 3 万人以上，人均收入高于全县人均收入 31%。

临颍县辣椒现代农业产业园

以王岗镇、瓦店镇、三家店镇、巨陵镇、城关镇 5 个乡镇的 47 个行政村为范围，以现代农业要素集聚为导向，以“五园、三区、一中心”的空间布局为建设目标，把临颍县辣椒现代农业产业园建成一、二、三产业相融合、确保粮食安全与促进农民增收相协调、富民和强县相统一的高效现代农业产业示范园区和乡村产业振兴引领区。

“与传统农业种植方式不同，我们实行田间智能精准水肥管理、土壤环境监测、气象灾害预警、病虫害监测及治理等，让农事作业不再凭借经验判断。”该园区相关负责人王偌飞说，通过更准确的监测数据指导种植，科学干预，大大节省人工、化肥农药等种植成本，提升了辣椒品质、年产值。这一标准化种植让农户深刻认识科技种植，实现农户在农业种植上的降本、提质、增收。

与此同时，该产业园建立了辣椒开放式物流交易中心与仓储物流园，实现以辣椒为主的农产品线上、线下一起交易，并提供仓储物流、产品溯源、管理跟踪、商品价格评估、行业资讯等全方位服务，提升临颍县辣椒交易现代化水平；建立辣椒产地初加工区、精深加工园和创新创业孵化园，促进本地化的一、二、三产业融合发展；建立循环产业园和辣椒主题休闲体验园，集生产与生活、生态环境与休闲体验为一体，实现园区“绿水青山就是金山银山”的建设和发展理念。

睢县辣椒现代农业产业园

近年来，睢县为深入推进农业供给侧结构性改革，培育壮大农业主导产业，提高农产品市场竞争力，促进农业增效、农民增收、农村繁荣，在深入调研、实地论证的基础上，提出“南笋北椒中果蔬”特色农业主导产业发展布局，把辣椒产业作为特色主导产业之一，为实施乡村振兴战略奠定基础。

该县出台了一系列优惠政策，种植户收益显著提高，加工销售企业稳定发展，极大地促进了辣椒产业的发展。目前，该县发展辣椒种植面积 10 万亩，其中中顺辣椒公司种植 5 万亩，辐射全县 20 个乡（镇）。

2019 年，该县鲜椒亩均产量达 2 500 kg，亩销售额 1.2 万元以上，亩净收入 1 万元以上。

为规避发展规模过大有“谷贱伤农”和滞销的风险，该县着重培育辣椒一、二、三产业融合发展，完善辣椒全产业链，全力推进辣椒产业化经营向纵深发展。

为推进辣椒种植规模化，大力培育发展辣椒农业产业园，该县要求每个乡镇至少建成 1 个辣椒县级产业园，每个产业园规模不低于 500 亩。

通过强化科技支撑，实施种业自主创新工程。以科技创新为核心，加强与农业科研院校的技术交流与合作，依托干制辣椒产业技术院士工作站，建设智能化辣椒育苗工厂，打造辣椒良种繁育基地；开展辣椒新品种研发、引进、扩繁等科研业务，形成辣椒产业的科技创新能力，通过推广新品种、应用新技术，全面提升种植水平。

该县还重点培育扶持中顺辣椒公司创建省级、国家级辣椒现代农业产业园，引导和支持该公司综合研发、加工、配套和精深加工发展；加快仓储物流统筹规划、分级布局和标准制定，支持辣椒龙头企业及合作社、家庭农场等增加对分拣包装、冷藏保鲜、仓储运输、初加工等设施的投入；充分挖掘市场需求，开发精、优、特新产品，打造具有本土特色农业主导农产品品牌，扩大本土辣椒产品的市场占有率；引进辣椒专业人才，加大种植户技术培训力度，培育一批新型职业农民队伍，培养一批当地辣椒种植专家、土专家，引进一批专家人才，吸引农村经纪人、科研院校、农业专家、种子经销商、农产品经销商来睢县签约服务。

太康县辣椒现代农业产业园

近年来，太康县不少农户把经济价值高、便于田间管理的辣椒作为主导农作物，并通过规模化、标准化种植，短短几年，小辣椒就发展成为乡亲们增收致富的大产业。

太康县省级辣椒现代农业产业园2020年8月获批准创建，总投资12 636.3 万元。产业园创建范围涉及龙曲镇、高贤乡、芝麻洼乡 3 个乡镇 86 个行政村，规划面积 22.3 万亩，其中辣椒种植面积 11.8 万亩。规划布局为“一心四区”：“一心”即科技集成与综合服务核心，“四区”即辣椒绿色高产种植区、辣椒良种育苗示范区、产品加工区、电商仓储物流区。主要建设内容为：辣椒育种项目（辣椒新品种育种示范基地项目）、辣椒标准化种植示范基地建设项目、加工类项目（鲜辣椒加工项目和干辣椒加工项目）、综合服务类项目（冷藏保鲜项目、农产品质量安全项目和品牌建设项目），以及其他涉农整合资金项目（2020年耕地地力补贴项目、2021年耕地地力补贴项目、2020年高标准农田建设项目、2021年高标准农田建设项目）等。通过产业园创建旨在以提升农民增收为目标，完善良种繁育、示范推广、标准化种植、加工销售等体系建设，不断提升辣椒生产现代化水平，延伸产业链，提升价值链，深化利益链接机制，努力把产业园打造成为现代农业建设样板区和乡村产业兴旺引领区，助推乡村振兴。

附录 4　河南省辣椒交易市场

柘城辣椒大市场

柘城辣椒大市场是全国最大的干椒交易市场。自 2007 年 10 月建成使用以来，累计投入达到 1.5 亿元，占地 300 亩，总建筑面积 8 万 m^2，市场内设辣椒交易区、冷藏区、加工区、综合服务区，拥有检疫检测、信息控制、安全控制、电子结算等齐全的基础设施，是集交易、加工、冷藏、物流配送为一体的专业化辣椒交易大市场。

柘城辣椒大市场，辐射全国，广通世界。市场入驻商家 300 多户，遍布全县的辣椒经营大户 1 000 多户，从事辣椒交易的经纪人 2 500 多人。市场年干椒交易量达到 70 万 t，交易额突破 100 亿元。辣椒交易辐射全国 30 多个省（市）、自治区，产品出口到美国、加拿大、俄罗斯、日本、韩国、印度、澳大利亚等 20 多个国家和地区，出口创汇 2.1 亿元。柘城辣椒大市场形成了“全国辣椒进柘城，柘城辣椒卖全球”的交易格局，确立了全国辣椒交易中心、集散地、价格风向标的重要地位。

河南临颍王岗镇辣椒市场

中国辣椒南有遵义，北有临颍，临颍县种植辣椒已经有几十年的历史了，主要集中在东部的乡镇，其中王岗镇被称为“中国辣椒第一镇”。2020年，全县种植面积有44.3万亩，仅辣椒种植业的直接收入就超过20亿元，目前临颍县已经形成了集辣椒种植、加工、销售为一体的产业格局。河南临颍辣椒市场也致力于建设成为全国重要辣椒期货交易市场。

（一）河南临颍王岗镇辣椒市场规模

河南临颍王岗镇辣椒市场，占地500亩，集辣椒种植经营、科技培训、收储、加工、销售、金融于一体，形成相互联系、相互辅助的功能体系，成为全国最大的辣椒单品交易市场、农产品质量检测标准化数据中心、农业创新科技研发中心、专项金融服务中心。现有购销摊位1 500多个，入驻客户2 000多家，专业协会200多个，年冷储存量3万t。2015~2018年，辣椒市场交易量平均12万t，年交易额12亿元。2019年交易量15万t，年交易额15亿元。

（二）河南临颍王岗镇辣椒市场交易主体

围绕辣椒交易市场，临颍县还形成了 500 个产地市场，由辣椒经纪人在产地进行辣椒收购。辣椒交易市场布局有鲜椒市场、检验检疫区、交易中心、电商交易中心、冷链仓储区、物流配送区及综合配套区，有上万人从事辣椒交易、仓储和运输工作。辣椒经纪人有 4 500 多名，交易范围遍布全国，大户交易区的专业辣椒商户有800多家，其中500家是经销大户，经销大户年可流转辣椒数万t，并申请了辣椒区域公共品牌“颍山红”，推进辣椒产品的品牌化。辣椒产业已成为全县种植业第一富民产业、推动乡村振兴支柱产业和活跃经济、支撑消费的源头产业，临颍县已成为豫中南地区最大的辣椒产销基地。

（三）河南临颍王岗镇辣椒市场交易品种

干辣椒品种以天樱椒、灯笼椒、子弹头、尖黄椒、大条椒为主，按照产品品级，分为统货、上统货与精品三个档次，精品价格最高，一般高于上统货1元，高于统货1.5元。以天樱椒为例，2020年10月10日，精品天樱椒5.25元/kg，上统货3.9 元/kg，统货3.4 元/kg左右。为满足市场消费者需要，目前市场上主要的鲜辣椒品种包括满天星、灯笼椒、艳椒、子弹头和韩国椒，不同品种销售价格不同，2020年10月10日，满天星市场销售价格0.9~1元/kg，子弹头和灯笼椒0.6~0.75元/kg。除此之外，辣椒交易市场还交易辣椒粉、干制辣椒等初加工产品。

（四）中国辣椒电商产业园

为加快辣椒产业发展，抓住电子商务机遇，实体市场交易已不能满足市场发展要求。2016年中国辣椒电商产业园项目在临颍奠基，该项目是中国农批根据国家关于加强农产品市场稳控调节，推动农产品专业化、标准化、信息化、国际化升级要求而规划建设的以辣椒为中心，融多种业态于一体的首个中国辣椒全产业链标杆项目，打造一个与国际市场接轨，规模大、品种多、配套完备的辣椒产业基地，形成华中地区以辣椒为代表的农副产品“O2O”电商物流及配送中心、交易结算中心、检验检测中心、价格中心、标准制定中心、华中地区辣椒大数据中心和研发中心，努力推动辣椒期货交易，现货展销拍卖以及华中地区电商交易及农业金融等产业。项目占地面积1 000亩，总建筑面积约70万 m^2，涵盖辣椒专业批发市场、农副产品综合批发零售、冷链仓储、辣椒深加工、质量检测、农产品大数据、农业创业科技研究、辣椒专项供应链金融服务及大宗农产品电商交易等。项目整体运营2年后，平均实现各类交易额30亿元。

内黄果蔬城

内黄果蔬城是我国比较大的果蔬专业批发市场，并将致力于建设成为全球性辣椒专业批发市场和全国重要辣椒期货交易市场，2020年9月25日至27日由中国蔬菜流通协会、安阳市人民政府主办的“2020河南·内黄辣椒产销大会”在河南最大的果蔬产地集散地——内黄果蔬城成功举办。

内黄果蔬城2019年被命名为“河南省农民工返乡创业示范园”，近年来，内黄果蔬城交易市场干辣椒交易增长迅速，2019年辣椒市场交易量10万t，年交易额10亿元。2014年7月开工建设，2015年8月正式使用的内黄果蔬城，总投资20亿元，占地1 500亩，能满足55万t辣椒交易量，60万t冷链仓储周转量，120万t物流规划年吞吐量，年交易金额可达300亿元。2014年招商引资建设了以交易信息化、市场数据化、经营品牌化、管理智能化和营销网络化的“内黄果蔬城产地市场”，并以“内黄果蔬城+”为中心打造现代农业大平台，构建中国果蔬产地市场新模式，打造内黄果蔬旗舰品牌。

围绕内黄果蔬城辣椒交易市场，内黄县还形成了若干产地市场，由辣椒经纪人在产地进行辣椒收购。果蔬城辣椒交易市场布局有鲜椒市场、检验检疫区、交易中心、电商交易中心、冷链仓储区、物流配送区及综合配套区，有上万人从事辣椒交易、仓储和运输工作。内黄辣椒经纪人有800多名，交易范围遍布全国，大户交易区的专业辣椒商户有100多家，其中60多家是经销大户，经销大户年可流转辣椒上万吨。

内黄干辣椒品种以新一代、丰抗二号、丰抗三号、冲天红、和美神草、鼎绩和子弹头为主，按照产品品级分为统货、上统货与精品三个档次，精品价格最高，一般高于上统货1元，高于统货1.5元。以新一代为例，2019年10月29日，精品新一代9~9.25元/kg，上统货新一代8.5~8.75元/kg，统货新一代8~8.25元/kg。为满足市场消费者需要，除此之外，果蔬城辣椒交易市场还交易辣椒粉、辣椒圈等辣椒初加工产品。

附录 5　河南省辣椒龙头企业（合作社）

河南辣德鲜食品有限公司

2015 年，韩锦友在柘城县创办工厂，生产鲜椒发酵产品，经过 5 余年的发展，“辣德鲜”已成为脍炙人口的鲜椒发酵调味品品牌。辣德鲜食品有限公司位于炎帝朱襄氏故里柘城，占地总面积 13 000 m^2，是一家以辣椒精深加工为主的现代化企业，主要经营自主研发的“辣德鲜”牌鲜切椒系列辣椒酱制品。其制品主要原料鲜椒是本地三樱椒，经过秘制腌制、储存、发酵，将现代技术与传统手工制作工艺相结合，形成了风味独特、品质上乘，深受广大消费者青睐的辣椒酱制品。2020 年 4 月，公司成功获得出口食品企业资质，现已获得多批出口订单。

柘城是中国辣椒之都，柘城辣椒的优良品质与地域、气候等密切相关，辣度适中，香味浓郁。目前市场上销售的辣椒酱大多是干椒酱，消费者不能品尝到柘城辣椒的原汁原味，“辣德鲜”鲜切椒弥补了这一缺陷。2016年9月，在新疆和硕县举办的第十一届全国辣椒产业大会上，“辣德鲜”参加了辣椒食品评选，取得了第一名的佳绩。2017年9月被柘城县人民政府授予“优秀辣椒企业”的称号；2018年1月被中国消费质量安全万里行评为“推荐品牌”；2018年5月被评为“商丘风味名吃”。

辣椒产业是柘城扶贫的支柱产业，公司先后与 1 000 多农户签订协议，采用订单种植辣椒 6 000 多亩，一是为周边农户提供 80 个就业岗位，从事辣椒收购、腌制、存储等工作；二是免费提供技术服务，帮助椒农增产增收，每亩可增收 2 000 元，走“公司 + 基地 + 农户 + 市场”的农业产业化发展道路，确保辣椒无公害种植，确保高于市场回收价，每年收购本地鲜椒达 3 000 多 t，使贫困户实现了稳定脱贫，2020 年 4 月，公司被评为“商丘市扶贫龙头企业”。

辣德鲜食品有限公司，在县委、县政府的大力支持和关怀下会更加积极奋进，坚持“追求卓越，强农兴农，扶贫济困”的经营理念，执行标准化、现代化、人性化的科学管理模式，“以质量求生存，以创新求发展”为企业宗旨，助力脱贫攻坚，为柘城的发展做出积极的贡献。

柘城县山里红辣椒商贸有限公司

柘城县辣椒协会副会长、致富带头人郑海华，2015 年开始从事辣椒行业，创办了柘城县山里红辣椒商贸有限公司，主要经营种子繁育、订单种植、土地托管、辣椒贸易、辣椒制品加工等业务，是一家综合型现代化农业科技服务企业。

在县委、县政府和辣椒产业办公室的大力扶持下，经过几年的发展，如今公司拥有山里红辣椒商贸有限公司、柘天椒农业科技开发有限公司、山里红种植农民专业合作社、河南省山里红食品有限公司共 4 个公司。合作育种专家 3 人，建有现代化辣椒烘干线 6 条，冷库 1 座，辣椒育苗基地 1 500 亩，具有年加工鲜辣椒 5 000 t，冷藏干椒 1 500 t，销售干椒超过 10 000 t 的能力。2018 年实现年交易辣椒 5 000 t，交易额突破 6 000 万元。

进入充满希望的 2019 年，山里红公司一路高歌奋进，捷报频传：公司与贵州老干妈、重庆市干辣椒协会、贵州旭阳食品集团、重庆聚土网等企业成功签订了 10 000 t 辣椒购销合同，标志着山里红公司树起了又一座跨越发展的辉煌里程碑。

成立合作社带农致富。2017 年县委、县政府出台了优惠政策，对种植辣椒给予 100~300 元补贴，由政府替农户购买农业保险，农户种植辣椒有了保障。在此基础上，公司成立了柘城县山里红种植农民专业合作社，注册资金达到 3 000 万元，发展农户种植辣椒 1 万余亩，每亩收入达到 5 000 元，与社员采取基本工资加分红的模式，帮助 2 000 多户贫困户通过种植辣椒实现稳定脱贫。2018 年山里红合作社在柘城县成立了第一家农民专业合作社联合社。目前有 35 家农民专业合作社加入了联合社。京东金融为每家合作社提供 30 万元的资金支持。

2018 年 11 月，公司在中原股权交易中心挂牌上市，借助资本市场助力公司快速发展。与重庆聚土网、京东金融成功对接，在柘城发展 6 万亩辣椒订单种植，为每亩辣椒种植提供了 500 元资金支持。

柘城县三樱汇食品有限公司

河南柘城——中国辣椒之都。柘城三樱椒具有质细肉厚、色泽深红油亮、辣味浓郁芳香、营养价值丰富的特点，属于辣椒中的极品。柘城县是国家农业农村部认定的国家级无公害三樱椒基地，国家级无公害农产品免检产品，柘城县三樱汇食品有限公司位于柘城县北部慈圣镇陈阳村，公司产品望鲜楼辣椒酱的主要原料就产自陈阳村。陈阳村是国家级一村一品示范村，这里种植的辣椒生长期 120~150 天，颜色鲜艳，肉质红润光泽细腻，用它制作出来的辣椒酱口味香辣浓郁，配上当地特色鲜牛肉慢火熬制 6 个多小时，可谓匠心独具，牛肉和辣椒的味道有机结合让人欲罢不能。望鲜楼辣椒酱包括招牌牛肉酱、金钩鲜椒酱、黑蒜鲜椒酱、蒜蓉黄辣酱、蒜蓉红辣酱、香麻辣椒酱、招牌菌王酱、红油豆豉酱等系列产品。

河南省南街村（集团）调味品分公司

南街村调味品厂是南街村集团支柱企业，是重合同守信用先进企业、河南省重点保护企业。公司现有员工600多名，其中工程技术人员175名，企业现有固定资产2 000万元，占地面积4万m^2，年产值达2.5亿元，外设有河南叶县、湖北云梦、安徽定远3个分厂，是一个集产、供、销为一体的综合性现代化企业。地理环境优越，交通条件便利，107国道、京广铁路、京珠高速公路毗邻而过。调味品公司技术力量雄厚，生产设备先进。公司生产的系列调味品品种齐全、规格多样。辣椒原材料采购主要以临颍县香辣天樱椒为主。公司于2000年6月顺利通过ISO 9002国际质量体系认证，并于2003年3月顺利通过ISO 9001：2000版国际质量体系转换和认证。公司于2000年加入中国调味品协会，成为会员单位。被漯河市卫生局授予“食品卫生先进单位”，被漯河市政府授予“食品卫生先进单位”，获得“中国味界十大风云企业”称号，被河南省科技厅命名为“高新技术企业”，公司产品被省技术监督局命名为“河南省重点保护产品”，荣获首届“河南省名牌产品”称号，被选为首届中国调味品复合调味料“金味奖”，被认定为“中国国际农业博览会名牌产品”，被河南省卫生厅认定为“河南省卫生安全食品”，所有产品通过食品安全认证，公司使用的“南街村”商标被国家工商总局认定为“中国驰名商标”。公司连续多年被漯河市委和临颍县委评为“先进基层党组织”，被漯河市人民政府评为“漯河市劳动关系和谐企业”，系中国调味品协会理事单位。

河南省北科种业有限公司

河南省北科种业有限公司是一家集辣椒科研、生产、繁育、销售于一体的现代种子企业，公司创建于1990年，注册资金500万元，经过20年来的发展，目前公司占地面积50亩，拥有标准化厂房和常温仓库8 000 m^2，新建恒温库2 500 m^2，引进现代化种子加工生产线2条，公司十分注重新品种研发和推广，每年投入大批资金，聘有中高级职称人员16人，建设有2 600亩的良种繁育基地，有400亩辣椒新品种生产试验田。并与国内外多家知名种业建立了紧密的协作关系，互相交流，共谋发展。公司以“品行天下、质创未来”为发展宗旨，以“打造中国朝天椒第一品牌”为发展目标，本着“以科技为先导，以诚信为根本，视质量为生命，靠创新求发展”为信誉理念，其生产的“北科”牌辣椒种子以较高的质量，良好的信誉赢得了广大经营用户的信赖，产品销往山东、安徽、河北、江苏、吉林、辽宁、新疆等十几个省（市）、自治区。

企业在自身取得长足发展的同时，亦得到了社会的认同、政府的肯定，公司先后荣获“河南省著名商标”、“河南省最受农民欢迎的十大品牌”、“质量信得过企业”、“河南省优质品牌”、“商丘市知名品牌”、“河南省重合同守信用企业”、“河南省3·15质量诚信双保障单位”等称号，企业荣获ISO 9001：2000国际质量管理体系认证证书、国家新品种培育方法专利证书、商丘农业博览会金奖和柘城县辣椒育种企业创新奖。

公司采取“公司＋农户＋基地”的方式，成立了柘城县北科三樱椒发展专业合作社，发展入社社员256户，为入社社员免费发放《朝天椒栽培技术手册》，免费举办种椒技术培训班，义务提供椒田管理技术指导。对三樱椒良种繁育基地种植户实行统一供应原种、统一供应肥料农药、统一按高出市场价10%收购干椒，大大提升了专业合作社的辐射带动能力，使合作社社员每亩增收400多元，以显著的助农惠农工作成效，成为全省农民专业合作社的一面先进旗帜，被评为“国家农民专业示范社”、“河南省农民专业示范社”，市、县两级“优秀农民专业合作组织”。

公司在壮大的同时，在精准扶贫工作上也取得了一定的成绩，在牛城乡草帽王村流转农民土地 500 多亩辣椒新品种生产试验田，为 50 位贫困劳动力提供了就业门路，每人每年收入 8 000 元。公司准备在草帽王村附近再流转 2 000 亩地扩大试验田，吸纳更多的劳动力就近就业，增加村民收入。

柘城县传奇种业有限公司

柘城县传奇种业有限公司是一家集科研、生产、经营、推广为一体的种业公司，公司技术力量雄厚，有高级农艺师 3 人，农艺师 5 人，高级经济师 1 人，农技师 3 人。在全国朝天椒种子行业中具有较高的知名度，是目前国内最具影响力的朝天椒种子生产厂家之一。

柘城县传奇种业拥有 200 多亩实验示范基地，1.5 万亩种子生产基地，先进的种子检验设备，一流的种子加工生产线，国内最先进的种子低温烘干机械，专业的种子生产技术人员，现代化的标准仓储设施。为生产出高质量朝天椒种子提供了有力保证。

河南省柘城县传奇种业有限公司拥有‘传奇’、‘天地红’、‘吨椒’、‘椒帅’、‘吨研’、‘吨椒传奇’、‘金椒传奇’等自主品牌，开发出了适宜全国不同区域种植的几十个品种。品种主要销往河南、河北、山东、山西、陕西、天津、安徽、吉林、辽宁、新疆、内蒙古等地。

嵩县丰敬种植养殖专业合作社

嵩县丰敬种植养殖专业合作社位于洛阳市嵩县库区乡板闸店村，于 2018 年 12 月 24 日成立。

合作社共有社员 5 人，注册资金 100 万元。合作社成立后，严格按照民办、民管、民益的原则，合作社以种植、加工、销售、技术合作作为服务宗旨，实行规范化办社，科学化管理，以“合作社 + 农户”的发展模式经营。

合作社成立初期，从板闸店村流转土地620亩用于辣椒种植。2020年1月，合作社在板闸店村挑选80亩优质肥沃的地块进行育苗，河南省农科院的同志对合作社的工作给予大力支持，从选种到育苗到栽植，都和合作社工作人员工作在一线。特别是对于优良品种的筛选，河南省农科院的同志们和合作社成员一同到柘城选购优良品种。

在合作社的影响下，带动周边古路壕、翟河、常店、张岭、吴村、南屯、柏坡、席岭、安岭等十几个村庄发展辣椒种植3 000多亩，带动贫困户100多户，使他们通过种植辣椒走上脱贫致富路，为库区乡的脱贫攻坚工作做出了一定贡献。为了保证鲜辣椒能及时烘干存放，降低阴雨天气辣椒霉变损失，乡政府帮助合作社投资60多万元建成一个每天加工鲜辣椒10 t的炕房，为辣椒的生产提供了有力的保障，减少了合作社和种植户损失，提高了经济效益。2019年合作社鲜辣椒共卖出500多t，产值250万元；干辣椒50 t，产值100万元。

目前合作社还处在发展阶段，虽然取得了一些成绩，但离发展目标还差很远，今后，合作社将继续按照“基地上规模，科技上台阶，效益上水平，管理上档次”的发展思路和要求，逐步走向标准化、规模化、规范化，带领更多群众增收致富。嵩县丰敬种植养殖专业合作社将以更加饱满的热情和服务“三农”的理念，为库区乡的脱贫致富起到带头作用，帮助更多的贫困户摆脱贫困，走上致富道路，“不忘初心，牢记使命”，为农业的振兴做出更大贡献。

河南红运高辣食品有限公司

河南红运高辣食品有限公司前身为太康红运来辣椒种植专业合作社，成立于2009年9月。2017年9月在太康县县委县政府、龙曲镇党委政府的大力支持下成立了河南红运高辣食品有限公司，即太康县辣椒产业化扶贫基地，基地占地80亩，建设标准化生产车间20 000 m^2，主要经营辣椒、大蒜等蔬菜类种植推广及深加工。公司业务范围包括辣椒种植推广、鲜椒加工、烘干业务、干椒收购加工。

一、辣椒种植推广

以红运高辣品种试验田为依托，优选韩国、东南亚及中国各大种业公司 46 个辣椒新品种进行大田试种、推广。每年 8 月 1 日对各种植基地开放，供大家参观、交流、选种。真正实现引进、试种、参观、选种一条龙服务，让种植户不出家门即可领略到适合我省种植的世界各地辣椒新品种。

公司与各大种植基地、种植户签订鲜椒保底回收合同，最大限度保障种植户利益。2020年计划在周口市（太康县、淮阳县、扶沟县、项城市）、开封市（杞县、通许县、尉氏县）、商丘市（柘城县、睢县、宁陵县、民权县）、驻马店市（新蔡县等）、三门峡市等推广50多万亩“红运高辣”系列辣椒种植基地。其中太康县全县推广种植可达10万亩以上，并与3 000多种植户签订回收合同。带动2 000多贫困户脱贫致富，“红运高辣”系列可让全省辣椒种植户增收上亿元（每亩增收1 000元以上）。

二、鲜椒加工

公司主要以加工湖南剁椒、福建辣椒酱、四川泡椒等为主，并与湖南坛坛香食品公司、成都盈棚泡菜建立长期合作关系。公司拥有 6 条剁椒流水线、2 条鲜椒加工流水线、6 台真空包装机，日加工鲜椒 15 万 kg，年加工 3.6 万 t 鲜椒，年营业额可达到 1.6 亿元，常年用工 300 多人；让农民每千克辣椒多卖 0.8 元左右，每亩增收千元以上。公司自有品牌“红运高辣”剁椒系列、泡椒系列已全面上市，现已在大中原区开始销售。2019 年实现营业额 3 000 多万元，利润 600 多万元。

三、烘干业务

主要经营烘干辣椒、大蒜、豆角、胡萝卜等，用来做脱水蔬菜加工、出口及各种调料包等，常年与江苏振亚、顶能等食品公司合作，供应“红运高辣”系列脱水蔬菜，给康师傅、统一、白象等食品公司做调料包，并自主出口到俄罗斯等国家。公司现拥有2条20 m燃气烘干流水线，1条26 m空气能烘干流水线，2座烘干房。6月加工大蒜、8月加工辣椒、10月加工胡萝卜等，全年加工鲜椒9 000 t，大蒜1.5万t，胡萝卜1.2万t，年营业额可达6 000多万元，全年用工200多人。

四、干椒收购加工

公司以色选干辣椒，炒制干辣椒、辣椒粉加工等为主，生产“红运高辣”系列干辣椒制品及复合调味料，主要是供应方便食品、调味品、火锅底料等国内大型食品公司，可长年用工130多人，年加工销售3 000 t干椒制品，年营业额在5 000万元以上，利润在500万元左右。

公司四大业务全年营业额近2亿元，利润在2 000万元左右，可带动全省辣椒等蔬菜种植50多万亩，在种植、采摘环节可带动农村务工人员上万人。公司加工环节可带动龙曲镇600户贫困户务工脱贫致富。

2019年10月6日公司投资新建的大型污水处理厂项目开工建设，总投资800多万元，日处理污水600 t，可彻底解决蔬菜生产加工中的污水排放问题。因农产品在收购、加工、存储过程中需冷藏、保鲜。已向太康县农业农村局申请建设一座长36 m、宽20 m、高8.5 m、占地面积720 m^2、容量6 120 m^3的冷藏保鲜库。

扶沟县遍地红辣业有限公司

扶沟县遍地红辣业有限公司地处全国蔬菜生产重点县——扶沟县汴岗镇于营经济开发区888号，成立于2015年6月，注册资金3 000万元，现有员工56人，系周口市农业产业化重点龙头企业，是周口市精准扶贫基地，扶沟县产业扶贫基地。

近年来，公司以“助农民增收，为政府分忧”为宗旨，走辣椒产加销一体化道路，专业化发展辣椒产业。建设有固定的辣椒生产基地50 000亩，生产加工车间10 000 m^2，拥有国内先进全自动网带辣椒烘干设备3套，500 m^3的保鲜库2座。年加工鲜辣椒8 000 t、干辣椒2 500 t，公司生产的“天御红”牌辣椒段、剁椒、辣椒碎等系列产品，销售到国内10多家大型食品公司，年销售收入近亿元。“天御红”成为业内驰名商标。2015年公司基地获得无公害产地认证和无公害产品认证。

内黄县苏红尖椒专业合作社

内黄县苏红尖椒专业合作社成立于1995年9月，基地位于内黄县六村乡干口村，总面积500亩，注册资金120万元。现在社员42人，辐射带动周边1 300余农户发展尖椒种植。

一、生产经营模式

合作社自创建以来，在各级农业主管部门的帮助和关怀下，紧紧围绕“科技兴农，产业致富，生态文明”的发展目标，利用六村乡当地自然气候优势，采取“合作社 + 基地 + 农户”的生产经营模式，由合作社建立标准化种植示范基地，组建技术服务队伍，开展集约化管理经营：一是为农户提供尖椒产业技术培训，优质种苗和农资供给；二是农户以土地入股加入合作社开展联合经营，由合作社统一供种育苗，统一栽培技术，统一病虫防治，统一农资管理，统一收购加工，统一对外销售；三是与合作社签订合作服务协议，由合作社帮助建立标准化尖椒种植基地，提供标准化尖椒管理服务。

二、固定资产

目前合作社拥有 550 亩高标准无公害生态种植育苗基地，1 500 t 大型冷库，配备有大型烘干机、智能色选机、输送机、自动切把机等大型科技智能设备。

三、社会及生态效益显著

合作社建立以来，直接提供了 40 多个就业岗位，同时每年向社会提供劳动岗位 2 000 余个，解决了基地附近闲置劳动力就业。合作社在解决劳动力就业的同时，让农户学到了尖椒种植先进技术，带动了基地周边尖椒种植技术的提升发展，2018 年底，带动六村乡发展尖椒种植 5.5 万亩，辐射带动全县种植尖椒面积 30 余万亩，种植尖椒比传统农作物（玉米）每亩增收 5 000 多元（2018 年），经济效益显著。

合作社与安阳市农业科学院合作在尖椒种植基地推广滴水灌溉技术，最大限度地利用地下水，保持水肥不流失，节约了水资源，实现了尖椒种植的可持续发展。与安阳全丰植保飞防公司合作，推广尖椒种植飞防模式，传统农药每亩需要喷施药液 30~40 L，而无人机飞防作业每亩仅需喷施专用农药 1 L 左右，节省了水资源，减少了农药使用量。通过“一喷三防”，有效地减少了尖椒种植的病虫害，实现了尖椒种植产量与质量的双提升。

注册商标“沙区红”入选河南省知名农业品牌，2020 年公司种植的尖椒通过农业农村部农产品质量安全中心“绿色食品认证”，合作社目前已经建成涵盖育种、种植、销售、加工、冷储、电子商务等全方位的农产品购销平台，实现了将内黄辣椒从农村的田间地头送向全国乃至全世界的餐厅餐桌。

四、今后生产经营发展方向

（一）引进先进技术，加强科技服务

继续组建专家团队开展技术培训，组建专业技术服务团队为种植户提供种植服务，建设高标准尖椒种植示范区，全面提升尖椒技术水平，实现产业化、规模化、生态化经营，由无公害尖椒种植向绿色尖椒种植发展，力争实现绿色农产品认证。

（二）采取“六统一”的管理模式和标准，打造“沙区红”基地产品品牌

统一供种育苗，统一栽培技术，统一病虫防治，统一农资管理，统一收购加工，统一对外销售，确保了尖椒系列产品质量，使合作社建立以质量树品牌、以品牌占市场、以市场促发展的科学化、市场化、产业化的发展道路。

（三）严格种植管理，打造绿色尖椒种植基地

严格按照绿色尖椒种植技术规程组织生产，采取“合作社 + 基地 + 农户”的运作模式，建立生产经营产业链条，以基地为核心，合作社为纽带，农户为基础，市场需求为标准，制定相关的工作任务和目标，统一的技术标准和产品要求，提升生产经营组织化程度，在管理中分工细致责任明确，通过一系列的精细化管理，确保做到绿色产品标准，打造绿色尖椒生产基地品牌。

附录 6　辣椒主要病虫害与防治简表

防治对象	防治时期	农药名	安全间隔期/d	使用方法
病毒病	发病前或发病初期	混脂·硫酸铜	7	喷雾
		吗胍·乙酸铜	5	
		辛菌胺醋酸盐	7	

续表

防治对象	防治时期	农药名	安全间隔期/d	使用方法
疫病	发病前或发病初期	噁酮·霜脲氰	3	喷雾
		氟菌·霜霉威	3	
		精甲·百菌清	2	
		代森锰锌	5	
炭疽病	发病前或发病初期	嘧菌酯	5	喷雾
		苯醚甲环唑	3	
		咪鲜胺	12	
灰霉病	发病前或发病初期	嘧霉胺	10	喷雾
		异菌脲	7	
		腐霉利	1	
白粉病	发病前或发病初期	百菌清	7	喷雾
		吡唑醚菌酯	14	
		己唑醇	21	
疮痂病	发病前或发病初期	苯醚甲环唑	7	喷雾
		喹菌酮	7	
根腐病	发病前或发病初期	福美双	7	灌根
		苯醚甲环唑	7	
		百菌清	7	
枯萎病	发病前或发病初期	甲基硫菌灵	3	灌根
		多菌灵	14	
		甲硫·噁霉灵	21	
细菌性叶斑病	发病前或发病初期	春雷·王铜	4	喷雾
		氢氧化铜	5	
		碱式硫酸铜	3	

防治对象	防治时期	农药名	安全间隔期/d	使用方法
蚜虫	始发期	吡虫啉	7	喷雾
		抗蚜威	11	
		啶虫脒	7	
粉虱	始发期	氟吡呋喃酮	3	喷雾
		噻虫嗪	3	
		双丙环虫酯	5	
蓟马	始发期	高效氯氟氰菊酯	7	喷雾
		吡虫啉	7	
		唑虫酰胺	5	
茶黄螨	始发期	炔螨特	7	喷雾
		阿维菌素	5	
		双甲脒	5	
		噻螨酮	7	
		联苯菊酯	4	
地老虎	始发期	辛硫磷	30	灌根
		氯氟氰菊酯	5	喷雾
		氯虫苯甲酰胺	5	
烟青虫	始发期	氯氟氰菊酯	5	喷雾
		联苯菊酯	4	
		苏云金杆菌	–	
棉铃虫	始发期	氯氟氰菊酯	5	喷雾
		氯虫苯甲酰胺	5	
		核型多角体病毒	–	
斜纹夜蛾	始发期	氯虫苯甲酰胺	5	喷雾
		虫螨腈	3	
		甲维·虫酰肼	7	

附录7　全国绿色食品原料标准化生产基地　辣椒生产技术操作规程

1 范围

本规程规定了柘城县全国绿色食品原料（辣椒）标准化生产基地的产地环境、品种选择、育苗、定植、田间管理、病虫害防治、采收包装运输贮藏、生产废弃物处理和生产记录。

本规程适用于柘城县全国绿色食品原料（辣椒）标准化生产基地的辣椒生产。

2 规范性引用文件

下列文件对于本文件的应用是必不可少的。凡是注日期的引用文件，仅注日期的版本适用于本文件。凡是不注日期的引用文件，其最新版本（包括所有的修订版）适用于本文件。

NY/T 391　绿色食品　产地环境质量

NY/T 393　绿色食品　农药使用准则

NY/T 394　绿色食品　肥料使用准则

NY/T 658　绿色食品　包装通用准则

NY/T 1056　绿色食品　贮藏运输准则

3 产地环境

产地环境条件应符合 NY/T 391 的规定，生态环境条件良好，选择在无污染和生态条件良好的地区。

基地选点应远离工矿区和公路铁路干线，避开工业和城市污染源的影响。选择土层深厚、质地疏松、排水良好的砂壤土，肥力较高，结构良好，通气性和保水性良好。

4 品种选择

主要选择适合当地气候和水肥条件的优良品种，选择抗病虫害，丰产、稳产、优质的三樱椒品种。

5 育苗

5.1 种子处理

采用温汤浸种：把种子放入 55 ℃水中，维持水温均匀浸泡

15 min，不断搅拌，转入常温下浸种 4~6 h 后捞出，准备催芽。

把处理后的种子用干净的湿纱布或湿毛巾包好，放在 28~30 ℃的温度下催芽，每天早、晚用常温清水将种子淘洗 2 次，洗后将种子在室内摊开透气 10 min，4~6 天后，有 80% 的种子芽尖露白时即可播种。

5.2 育苗设施

一般采用阳畦或小拱棚等育苗设施，苗床浇足底水。阳畦规格一般东西长 7~10 m，南北宽 1.6 m，北墙高 55 cm 左右，南墙高 20 cm。小拱棚育苗畦宽 1.2~1.5 m，畦长 7~10 m。

5.3 床土配制与消毒

配制营养土用三分之二的 3~5 年未种过茄科蔬菜的熟土，加上三分之一充分腐熟的有机肥，每平方米厚 15 cm 的床土掺 45% 三元素复合肥 0.2 kg。为预防病害再加入 50% 多菌灵 8~10 g/m^2，将肥土与农家肥捣碎、过筛，掺入复合肥和农药，充分混匀，填入苗床，踏实后床土厚度在 10 cm 以上。

5.4 播种

育苗 15 m^2 需种子 100~150 g，选择无风的晴天中午进行播种，播种前浇底墒水。播种前先撒一层垫籽土，以免泥浆粘着种子，影响种子翻身出土，覆土要厚薄均匀，不可过厚或过薄，以 0.7~1 cm 为宜，否则易形成弱苗。覆土后喷洒苗床专用除草剂，随即盖上地膜，架设小拱棚，拱高 0.5~1 m，覆盖棚膜，四周封严。

5.5 苗期管理

5.5.1 温度管理

出苗前，白天温度 25~30 ℃，夜间 16~20 ℃，待有 50% 左右种苗出土时揭去覆盖的地膜，仍封严棚膜。出苗后，白天温度 20~25 ℃，夜间 15~17 ℃，超过 28 ℃及时放风，防止徒长，4 片真叶后逐渐放风炼苗，4 月下旬或 5 月上旬拆除棚膜。

5.5.2 水分管理

苗出齐后基质相对湿度保持在 60%~80% 为宜。苗期喷水量和喷水次数视育苗季节和秧苗大小而定，高温天气多喷水，阴天应适当减少喷水次数及喷水量。

5.5.3 通风管理

一般晴天下午 1~3 时开始放风，放风口由小逐渐加大。若椒苗叶子上翘，说明温度已很低，应停止放风。幼苗出土后，苗床应尽可能增加光照时间。

5.5.4 间苗除草

椒苗从子叶出土到长出 3~4 片叶时，适当进行间苗，苗距 4 cm 见方，同时覆土，人工去除杂草。

6 定植

6.1 整地施肥

精细整地是朝天椒高产的基础，深耕 20 cm，施肥以底肥为主，追肥为辅，坚持以有机肥为主，化肥为辅，选用肥料应符合 NY/T 394 绿色食品　肥料使用准则。每亩施入腐熟农家肥 2 000~3 000 kg 和氮、磷、钾复合肥（15–15–15）20 kg。采用沟施的方法，深翻入土，土地耕翻 25~30 cm，耙平后作垄。

6.2 定植

移栽越早越好，力争6 月10 日前结束，地膜覆盖的，一般是先盖膜，后移栽。起苗前一天浇一次透水，起苗时尽量多带土，少伤根，剔除残、劣、弱苗，随手分为三级，只栽一、二级苗，三级苗尽量不用。一般麦茬椒每亩12 000 株，移栽深度5~10 cm，随栽随浇水，水不要浇得过大，以免冲倒秧苗。

7 田间管理

7.1 中耕培土

辣椒定植成活后及时浅锄一次，以破除板结，免生杂草。在初果期可结合中耕进行培土，使行间成一条小沟，既可以防止倒伏、防旱，又便于灌水、排水。进入盛果期，田间已经封垄，应停止中耕。若有杂草，应及时拔除。

7.2 摘心打顶

摘心可增加有效分枝数，同时增加叶片数，扩大叶面积，提高单株的光合效率，也有利于提高产量。摘心应及早进行，一般在顶端出现花蕾时及时将顶部分枝和花蕾摘除。摘除时要尽量保留茎生叶，以增加有效侧枝数，取得高产。

7.3 灌溉

伏旱是限制辣椒产量的最主要因素，针对三樱椒喜水又怕渍的特点，可采取顺沟洇浇的方法，以防止田间积水，保持土壤见干见湿。在低洼易涝地区要特别注意排水，土壤湿度过大会引起病害发生，甚至死苗，若田间积水半天时间，可使辣椒大面积死亡。

7.4 追肥

根据植株生长情况追肥，一般在现蕾时、始花坐果期追施复合肥（25-10-15）20 kg，分二次追施。根外追肥可喷 0.4% 的磷酸二氢钾和 0.5%~1% 的尿素水。

8 病虫草害防治

8.1 防治原则

应坚持“预防为主，综合防治”的原则，推广绿色防控技术，优先采用农业防治、物理防治和生物防治措施，配合使用化学防治措施。

8.2 主要病虫害

辣椒的主要病害有猝倒病、炭疽病、疫病等；主要虫害有蚜虫。

8.3 病虫草害防治

8.3.1 农业防治措施

选用抗性强的品种。品种定期轮换，保持品种抗性，减轻病虫害的发生。采用合理耕作制度、中耕除草等农艺措施，减少有害生物的发生。及时摘除病叶、病果，拔除病株。

8.3.2 物理防治措施

采用黑光灯、色光板、震频式杀虫剂等物理装置诱杀鳞翅目、半翅目害虫。在田间悬挂黄色黏虫板诱杀蚜虫等害虫，每亩放置30~40块，悬挂高度与植株顶部持平。

8.3.3 生物防治措施

利用天敌控制有害生物的发生；同时要保护天敌，主要是通过选择对天敌杀伤力小的中低毒性农药，避开自然天敌对农药的敏感期，创造适宜自然天敌繁殖的环境。

8.3.4 化学防治措施

农药的使用应符合 NY/T 393 的规定。严格控制施药浓度和剂量，严格控制农药安全间隔期。

9 采收

辣椒可分批或集中采摘，有利于改善品质，提高产量。

10 生产废弃物的处理

农业投入品使用后，包装应该集中收集处理，且不能引起环境污染。生产过程中及时清除病株、残叶并集中深埋，及时清理田间废弃地膜和投入品包装袋，集中进行无害化处理。

11 贮藏与运输

库房符合 NY/T 1056 要求，达到屋面不漏雨，地面不返潮，墙体无裂缝，门窗能密闭，具有坚固、防潮、隔热、通风和密闭等性能。仓库出入口和窗户设置挡鼠板或挡鼠网、防虫网。

运输工具清洁、干燥、无毒、无污染、无异物，要求有通风、防晒和防雨雪渗入的设施。装运及堆码轻卸轻放,通风堆码,不允许混装。

12 包装与运输

所用包装材料或容器应采用单一材质的材料，方便回收或可生物降解的材料，符合 NY/T 658 的规定。在运输过程中禁止与其他有毒有害、易污染环境的物质一起运输，以防污染。

13 建立生产档案

建立绿色食品辣椒生产档案。应详细记录产地环境条件、生产技术、肥水管理、病虫草害的发生和防治、采收及采后处理等情况并保存记录 3 年以上。